虎丘书院文库(第二辑)

经典的力量

王余光 邱冠华 主编

中国艺术与科技经典导读

赵晓 编著

西藏人民出版社

图书在版编目（CIP）数据

中国艺术与科技经典导读/王余光，邱冠华主编，赵晓编著.—拉萨：西藏人民出版社，2018.07
虎丘书院文库第二辑·经典的力量
ISBN 978-7-223-05720-2

Ⅰ.①中… Ⅱ.①王… Ⅲ.①艺术-著作-介绍-中国-古代②科学技术-著作-介绍-中国-古代 Ⅳ.①J120.92②N092

中国版本图书馆CIP数据核字(2017)第249197号

虎丘书院文库第二辑·经典的力量
中国艺术与科技经典导读

主　　编　王余光　邱冠华
编　　著　赵　晓
责任编辑　计美旺扎　郑桂森
封面设计　丹　那
出版发行　西藏人民出版社(拉萨市林廓北路20号)
印　　刷　苏州彩易达包装制品有限公司
开　　本　880×1230 1/32
印　　张　6.75
字　　数　120千
版　　次　2018年7月第1版
印　　次　2018年7月第1次印刷
印　　数　01-2,500
书　　号　ISBN 978-7-223-05720-2
定　　价　24.00元

《虎丘书院文库》总序

王余光

一

经过一年多的努力,《虎丘书院文库》的第二辑又将与读者见面了,回顾《文库》走过的历程,从 2014 年底开始筹划《虎丘书院文库》的编撰事宜,到 2016 年初第一辑《传承的力量》问世,再到今天第二辑《经典的力量》付梓,在虎丘书院投资人的鼎力支持下,《虎丘书院文库》已经形成了一定的规模和品牌效应。通过《文库》的编撰,虎丘书院与作者团队在"促进经典共读,传承中华文明"方面的构想正在逐步得以实现。我们相信,随着第二辑的正式出版,《虎丘书院文库》会越办越好,能够更加广泛地激发人们对中华传统经典的兴趣,进而主动参与到《文库》建设中来,形成一批经典阅读的优秀成果,为虎丘书院的发展以及构建全民阅读的书香社会做出贡献,这也是我们策划这套书的初衷。

苏州古城,向称人文渊薮。据学者考证,自南宋和靖书院以来,书院林立,仅清一代就建成各类书院 53 座。书院推动了苏州的教育,培养了大量人才,繁荣了苏州的文化。虎丘山麓,钟灵毓秀,自古以来便是文人雅集、诗歌酬唱之所,有着悠久的历史底蕴和文化积累。2012年,虎丘书院正式设立,以传承苏州文脉、弘扬国学经典为己任,以培训、讲座、故事、图书借阅等多种形式向市民提供免费服务,同时,书院投资人邀请笔者为书院的学术研究出点力,有感于他回馈乡邦的热忱,笔者欣然从命,这是《文库》编撰之缘起。

虎丘书院设立的初衷,一方面是为了延续虎丘地区千载以来的文脉传承,恢复虎丘山麓的历史文化风貌。另一方面,也是更为重要的,是希望通过书院的建设和相关工作的开展,弘扬和传承中华文化,以重振国学为宗旨,支持学者、爱好者从事国学方面的学习和研究,开展国学教育、国学交流等公益文化事业。书院建成以来,已经举办了一系列针对不同受众群体的研习活动,如面向学龄儿童的《弟子规》诵读班和"知心姐姐故事会"、面向大众的《黄帝内经》讲习班和"红学研习班"、面向较高文化层次人群的易经、太极文化研修班等。在学习和授课的过程中,我们经常得到这样的反馈,那些对传统文化、古代经典感兴趣的人们,常常面临阅读方面的困惑。读什么?怎么读?是在交流过程中最常被提出的问题。正是鉴于这种情况,虎丘书院投资人与笔者一起策划出版《虎丘书院文库》,分批分层次地推出一批中国传统经典导读书籍,为国学爱好者学习研读古代经典提供借鉴。

二

虎丘书院建设和运行的投资者，是苏州当地的一家民营企业。企业建设书院、开展公益服务，甚至不愿被人知晓企业的名称，常常被人质疑企业举办书院的目的，以及传承国学经典与企业经营之间的关系。

人的本质是一切社会关系的总和，不论是独立的个人，还是机构或企业，在生存和发展的过程中会与社会环境互相影响。企业投资开办虎丘书院是希冀通过履行社会责任，营造良好的社会环境，社会环境越好，越有利于企业的生存和发展。而所谓的社会环境，其根源来自于这个国家、民族所有的传统文化，也就是说，历史总是在不经意间，以各种各样的方式影响着现在。所以，不了解历史，不能领会传统文化的精髓，也就难以正确地处理今天所面临的现实事务。古往今来，先贤们已经从多个角度阐释过这个道理，“疑今者察之古，不知来者视之往”(《管子·形势》)，强调了要古为今鉴；“死亡的历史会复活，过去的历史会变成现在”(克罗齐)，阐明了历史与当下的辩证关系；“回顾得越远，可能前瞻得越远”(丘吉尔)，提出了回顾历史的现实价值。

可见，一个民族、国家的传统和历史，并不只存在于书本纸张之上，而是在我们日常的一言一行中发挥着作用。甚至具体到商业运作上来说，传统经典的作用也是不能被忽视的。早在先秦典籍之中，古人就已经总结出了许多国家治理和事务管理的有效经验，时至今日也没有过时，展卷细读，仍可从中感受华夏先民的智慧之光。比如，《周易·系辞》说“天之所助者，顺也；人之所助者，信也”，强调为人处世必须顺应大道，诚实守信。《孙子兵法·虚实》中说：“兵无常势，水无常形，能因敌变化而取胜者，谓之神。”告诉我们在商战经营中要审时度势，正确地做出决定。类似的经验之谈在古代典籍中俯拾皆是，对于生产、经营都有很高的指导价值。上面谈到了历史经验和传统文化对现实生活的价值和意义，那么，作为一个普通人，我们应该如何了解和领悟历史之美呢？最简单、也最有效的方法，莫过于阅读传统经典。流传至今的古代经典著作，经过了数千年历史的考验，是古人智慧的结晶，而阅读则是沟通古今的桥梁。在今天这样一个信息爆炸的时代，为什么还要阅读传统经典？笔者认为，至少有以下三个方面的原因。

首先，中国古代有着非常悠久的阅读历史，并且形成了经典崇拜的阅读传统。在物质资源还不丰富的古代，古人读书往往要通过手抄默诵的手段，书籍得来不易，读书人都格外珍惜，因此留下了许多勤学苦读的动人故事。除了书籍本身的贵重，书已经成为了古代读书人生活中不可缺少的部分，明代的一位学者就曾说过：“可无衣、可无食，不可以无书”。古人爱书、读书，甚至到了嗜书如命的地步，除了追求广罗善本、插架琳琅，还十分重视总结各种读书经验和读书方法，对于我们今天阅读传统经典具有广泛的指导意义。在阅读内容方面，自古以来，中国人就十分强调阅读经典，《隋书·经籍志》说："夫经籍也者，机神之妙旨，圣哲之能事，所以经天地，纬阴阳，正纪纲，弘道德，显仁足以利物，藏用足以独善"。足见经典在古人心中的分量。而后的历朝历代，虽然经典的定义在随着时代发生变化，但阅读经典一直是人们读书的基本选择。

其次，阅读经典是完善个人修养，提高教养的重要方式。"修身、齐家、治国、平天下"，是中国古人追求的完美的人生进境。修养自身，是为人处世的第一步。而阅读则是提高个人修养，培养教养所必不可少的手段。1923 年，梁启超先生在《治国学杂话》中就提出，中国的学人有必要读一些传统经典。1925 年，《京报副刊》组织了一场"青年爱读书""青年必读书"各十部的征求活动，收到了当时最为著名的 70 余位学者的响应，开列了相关书单。可见，阅读经典的作用得到了学者们的一致认可。而我们为什么要重视经典阅读？除了文化传承的意义而外，经典凝结了数千年来中国人的人生经验，囊括了为人处世的方方面面，通过阅读前人的经验，可以让现在的人们在人生的道路上少走弯路，可以培养我们健全的人格，善良的心灵。

第三，传统经典可以为我们提供处理人际关系、社会事务的各种方法和经验。经典是前人知识的宝库，正如苏轼在《李氏山房藏书记》中所说："用之而不弊、取之而不竭，贤不肖之所得各因其才，仁智之所见各随其分，才分不同而求无不获者，惟书乎！”今天我们在社会生活中遇到的种种问题，求诸经典，往往能够得到令人耳目一新的答案。古代典籍，本身也源自于古人对生活和实践经验的总结。这些经验和教训对于处理今天的社会事务也是同样适用的。

三

前面我们总结了经典阅读的作用和价值，在当今的社会环境下，人们并非没有认识到传统经典的价值，而是苦于没有好的阅读方法和阅读指导。针对这种情况，2014 年底，虎丘书院投资人与笔者协商，希望编撰一套为国学爱好者提供传统经典阅读方面指导和建议的丛书。根据笔者多年从事中国传统经典阅读教学和经典阅读推广工作的经验，由于古代汉语教育的缺失，当今的读者，特别是青少年读者在阅读传统经典方面普遍存在语言障碍。因此，我们策划的这套《虎丘书院文库》，涵盖了推荐书目、原典注释、全本导读等系列书系，在选题策划和组织撰写的过程中，充分考虑读者对象的实际需求，引入分级阅读的理念，争取建立一套立体的、全方位的传统经典释读体系，将《文库》打造成为本领域的著名品牌。

2016 年春节后，《虎丘书院文库》第一辑《传承的力量》出版。

该书由虎丘书院投资人委托北京大学王余光和苏州图书馆邱冠华组织团队编撰完成。《传承的力量》一套五本，是古代经典名著的选注本。分主题从先秦至清代的典籍中，选择最能代表传统文化精髓的名篇，寻章择句，确定选文，在此基础上，提供注释和翻译。在内容方面，选取了与为人处世关系最为密切的五个主题：修身立德、读书治学、治家教子、安身处世、为官从政，各成一册。每个分编下，又细分出六至八个小类，译文以“信”为主，兼顾“达、雅”。每册正文前有编译者撰写的导言，介绍本编内容、选文出处、分类情况等等。

第一辑推出后，取得了较好的反响。2016 年初，按照《虎丘书院文库》的整体策划，启动了第二辑的编撰工作，仍由王余光和邱冠华担任主编。第二辑《经典的力量》，采用全本导读的形式。从中国古代瀚如烟海的经典著作中，分主题选择了 100 本得到人们广泛认可，流传时间长，影响巨大的作品，为之撰写导读。分为《中国思想与宗教经典导读》《中国政治与文化经典导读》《中国艺术与科技经典导读》《中国史学经典导读》《中国文学经典导读》五册，每册收书 20 种。在选择书目的过程中，遵循了以下原则：第一，代表性原则，优先选取每类中认可度最高的著作。第二，体裁多样，均尽可能全面地覆盖每类的各种体裁，如史学的编年史、纪传史、地理史等；文学的总集、别集、文学理论等。第三，兼顾区域史和民族史。中国是一个统一的多民族国家，每个民族的文化遗产都是中华文明不可分割的重要组成部分。每册前的序言，系统论述了古代学术的发展历程和主要特点，介绍了本册的选书标准和主要内容。正文由20篇导读构成，每篇导读的主要内容包括：该书的作者和成书过程；该书的主要内容及阅读方法；该书的流传情况和在当代社会的意义。这套丛书可供国学爱好者参考，了解古代经典的基本情况，并提供阅读建议。由于作者水平有限，疏漏之处在所难免，衷心地希望读者朋友多提宝贵意见，帮助我们不断完善本书。

最后，在本书即将面世之际，笔者谨代表作者团队向虎丘书院投资人一直以来的信任和支持致以谢忱。同时，特别感谢西藏人民出版社对经典阅读推广工作的热情，该社社长刘立强，藏文编辑部主任才让多杰，都为本书的顺利出版付出了大量的心血。全民阅读工作的推进和书香社会的建设，离不开社会各界的共同努力，在此一并表示谢意。

中华民族是一个尊重历史、崇尚古训的民族，传统经典在中国人的生活中占据了不可替代的位置。阅读经典可以使人明理，可以培养我们知人阅世的能力，是滋养内心的养料，是让我们心灵强大的源泉，这是阅读的力量，也是经典传承的意义。

是为序。

2017年7月12日

目 录

前言

中华文明传承千年，各类著作瀚如烟海，在漫长的历史长河中，由于种种原因，有些书籍随着岁月的流逝湮没于时间的河流，有些书籍则通过一代又一代先民的口耳相传、纸本传抄、雕版印刷等方式流传至今。这些流传千古，对中华文明产生了深远影响的著作，被历代中国人奉为经典，是中华民族优秀文化传统的杰出代表。在这些经典著作中，有两类在古代社会并不十分受到重视，却对中国古代精神和物质文明的塑造产生了重要影响，它们就是古代的艺术和科技经典。

经过长期的发展，中国古代社会形成了一个以儒家思想为主，兼收并蓄佛、道等诸家思想而成的宏大的文化体系。在这种传统文化中，重“道”而轻“术”，即重视对事物发展变化的规律、法则的学习和研究，而相对轻视实际的操作和实用的技术。《尚书·泰誓下》谓：“(商王)作奇技淫巧”，语带贬斥。《老子》第十九章要求人们：“绝巧弃利”，均体现了这样的思想倾向。而以书、画、戏曲为代表的古代艺术形态，虽然被认为是提高人文修养的一条重要途径，但比之“经史”济世之学，则要等而下之。特别是戏曲，自其诞生之日起，便被“目为小道”，为正统的士大夫所不齿。时至今日，历史的车轮已经告诉我们，对精神世界和物质世界的探寻同样重要，都是人类完善自身，追求进步所不可缺少的一环。古代社会重“道”而轻“术”固然失之偏颇，近代以来，中国社会盲目向西方学习，放弃了大量优秀的传统文化，这也是不争的事实。在中国古代，虽然科技和艺术并没有得到公平的待遇，但仍有大批具有探索精神的科学家和艺术家，为我们留下了丰富的科技和艺术史经典，对中国乃至世界文明的进程都产生了深远的影响。英国著名科技史学家，七卷本《中国科学技术史》的作者李约瑟博士就曾评价：“在中国完成的发明和技术发现，改变了西方文明的发展进程，并因而也确定改变了整个世界的发展进程。”除了技艺上的成就，中国古代的科学、艺术作品根植于中华文化，很好地体现了技术与人文的高度统一，人类与自然的和谐相处。这些珍贵的思想遗产，放在今天也毫不过时，对今天的人们认识技术发展与社会进步之间的关系仍有重要的借鉴价值。下面，就请读者朋友们跟随我们一起感受古代艺术和科技经典著作的魅力。

中国，四大古文明发源地之一，在艺术、科技等领域一直独树一帜。艺术方面，中国的书法、绘画、戏曲等艺术形式自成体系。科技方面，十六世纪中期之前的中国一直处于世界领先地位，造纸术、火药、指南针、印刷术的发明不仅对中国古代的政治、经济、文化的发展产生了巨大的推动作用，且这些发明经由各种途径传至西方，对世界文明发展史也产生深远影响。这些独特的中华文明都被记录在一部又一部的传世经典著作之中，以文字的形式随着历史的发展进行着时间的传承与空间的传播。然而，在漫长又剧烈的历史风云中，无数记载先人发明创造的科技与艺术著作都湮没于兵燹水火、虫啮鼠咬、焚籍毁版、千里播迁之中，留存于世的典籍已是百不存一。我们今天仅能在硕果仅存的部分典籍中一窥前人成就，借助对艺术与科技经典的阅读来了解中华民族在艺术与科技方面创造的辉煌历史与灿烂文化，继承先人留给我们的精神财富。

中国最早的艺术形态始于汉字的书写，并在绘画中得到发展和弘扬，书画艺术是我国传统艺术的典型代表。汉民族第一个表示文字意思的线条符号即为汉字书写的起点和最初形态，汉字本身既孕育着先民们表达创意活动的胚胎，又构造着传统书画艺术的基因序列。在中国，自 8000 多年前的贾湖刻符开始，文字逐渐从简单无序的符号演变成结构严谨、含有丰富喻义的汉字体系。汉代许慎在《说文解字·叙》中就有“盖依类象形，故谓之文；其后形声相益，即谓之字”的说法。汉字的整体形态随着时间的演变，从“依类象形”的甲骨文、石鼓文、金文演变为“形声相益”的大篆、小篆、隶书，最终定型于东汉、魏、晋的草书、楷书、行书等字体，形成法度严谨的书法体系。

在中国，书法与绘画作为传统艺术的两翼，关系密切不可分割。绘画的起源可追溯至距今六千年左右的新石器时代的彩绘陶器。仰韶文化精美的彩陶就完美地体现了原始社会先民的艺术创造力。陶器之后，继承其工艺传统演变发展而来的是青铜器。青铜器作为国之重器，其上不仅篆刻了丰富的铭文，还绘制了丰富多样的古代纹饰。这些古代铭文和纹饰绘画不仅代表当时的审美意趣，更体现着当时社会主流思想观点。我们现在所说的真正意义上的绘画——“国画”，起源于汉代。中国书法和绘画在内容和艺术创作上，体现了古人对自然、社会及与之相关联的政治、哲学、宗教、道德、文艺等方面的认知。

因汉字传承日久，历来书论类文章典籍不胜枚举。目前有迹可循的书论最早可以追溯至秦汉时期，这一时期统一王朝初步建立，稳定的社会环境为文字的统一和文字表现形式的升华提供了条件，文字形态由原来的象形逐步发展为表意。在追求固定笔画结构的基础上，书法家们开始对笔画的书写风格意趣进行探索，书法类论著层出不穷。李斯的《用笔论》，蔡邕的《篆势》《笔论》《九势》，赵壹的《非草书》等书论均创作于这一时期。在中国历史上，有关绘画理论的论述最早见诸于《左传》：“昔夏之有德也，远方图物，贡金九牧，铸鼎象物，百物而为之备，使民知神奸。”阐明了青铜器图纹的社会作用，提出了绘画理论的“功能说”。在《左传》以后，春秋战国至汉代往往被看做是中国古代美术理论发展的第一个阶段，这一阶段的特点就是“诸子论画”。在孔子的《孔氏家语》，韩非的《韩非子》，庄周的《庄子》，刘安及其门客编写的《淮南子》等著作中均有对绘画理论进行阐述的篇章。但这一时期作者论画的本意也并非出于对绘画理念的阐发，而是借论画以喻道，阐发其哲学观点或学术思想。

魏晋南北朝时期是我国古代行书与草书发展的第一个高潮时期，这一时期国家虽处于分裂状态，但生活在这个时代的文人雅士们在生活处事上倡导“雅量”“品目”的风格，艺术上追求中和居淡之美，书法多以飘逸自由，自在随心为重点。这一时期的书论多以行书、草书书论为主，卫夫人《笔阵图》、王羲之《书论》、颜之推《论书》等书论，皆为这一时期代表。这一时期也是我国古代画论发展的第二个阶段，中国传统的山水画兴起于这一时期，传统画论中的“心师造化”“迁想妙得”“以形写神”“气韵生动”等绘画理论均诞生于此时。这一时期的画论代表首推谢赫的《古画品录》，书中以六法的标准品评画之优劣，从理论上将绘画创作和批评的基本要求概括为六条，并对六条标准的主次关系进行阐释，认为“气韵生动”为绘画六法之首要，二为骨法用笔，三为应物象形，四为随类赋彩，五为经营位置，六为传移模写。“六法”作为魏晋南北朝以来绘画实践的总结，整体概括了这一时期绘画实践发展的标准，对后世姚最的《续画品录》、张彦远的《历代名画记》、荆浩的《笔法记》等画论名著均产生了深远影响。

隋唐时期，国家统一、经济繁荣，经过三国魏晋南北朝的发展，书体持续演进，楷书、行书和草书均自成一格。且因当政者在选材纳士时订立了“非善书者不得为士”的政策，并在国子监之外开设“书学”专门培养书法家与书法理论家，因而唐朝出现了大批天才书法家。书论在这一时期也蓬勃发展，李世民的《指意》，欧阳询《八诀》《三十六法》《用笔论》等都产生于此时。这一时期也是我国画论史上发展的又一高潮时期，尤其是唐代。唐代繁荣强大的国力和开明的政治、文化政策为文艺的发展奠定了基础。唐代的绘画作品无论是内容题材还是绘画形式都与以往截然不同，人物画上更加注重对现实生活的描绘，佛教绘画中加入世俗生活，山水花鸟画中更加看重现实生活的图景再现。绘画艺术的发展催生了分门别类、有系统的画论的出现，唐代画论相比汉魏六朝来说更为细致、深入。例如，唐代著名美术理论家张彦远在其著作《历代名画记》中对绘画的起源、功能、评论标准、时代和地方特点、艺术表现等问题都做了系统的阐释。这一时期的绘画理论，趋向于对艺术技巧全面深入地探讨，以及对书画源流，绘画核心理念等问题的进一步探索。

宋元时期，北宋政府善待士大夫，为艺术的发展创造了条件。南渡以后，中原地区长时期陷于战火，北方士族大量迁徙至南宋朝廷偏居一隅的江南地区，江南地区的经济文化因此得到了迅速的发展。宋朝书法尚意，追求个性化和独创性的书法创作，无论是天资极高的蔡襄和自出新意的苏东坡，还是法古创新的黄庭坚和平淡天成的米芾，都力图在表现自己的书法风貌的同时，凸现出一种标新立异的姿态，使学问之气郁郁芊芊发于笔墨之间，并给人以一种新的审美意境。对此，苏东坡在其书论著作《论书》中曾说："吾书虽不甚佳，然自出新意，不践古人，是一快也"。

绘画方面，到了宋元时期，人物画日渐衰微，山水、花鸟画则逐步盛行，反映社会生活的绘画逐渐衰落，反映自然之美的绘画成为画坛主流。宋代画论多从绘画批评的一般标准谈起，然后再论及人物、山水、花鸟等各具体领域。宋代画论著作中，对当代及后世影响最大的当推郭若虚的《图闻志》和郭熙的《林泉高致》。到了元代，反应社会生活的人物画彻底衰落，描写绘自然美的山水、花鸟画成为画坛主流。从艺术表现来看，与南宋不同，元代抛弃南宋写实的传统，而上溯唐与北宋之风，在绘画技法中讲究变实为虚，追求意韵。至于画论方面，元代画人并无专门画论著作，但是赵孟頫、倪瓒、钱选等画家在其绘画作品中均有对绘画技法与理念有不同程度的解说。

至明清时期，书法逐步突破了宋元以来帖学的藩篱，开启了古代碑学发展的高潮。这一时期的书论著作也以抒情扬理为主，追求个性与发扬理性互相结合，强调正统的古典美学与求异的新型美学共存。如范公勉《书法述要》中有"学说以今方新，学书以古方朴"的说法。在绘画方面，明代是中国书画艺术史上的又一重要阶段。该时期的绘画在沿袭宋元的基础上以"拟古"为主题不断变化。值得注意的是明代画坛出现了一些以地区为中心的名家与流派，如明初以戴文进、吴伟为代表的浙派，明中期以沈周、文征明为代表的吴派，徐渭的青藤派，项圣谟的嘉兴派等。明代的画论著作基本上沿着明代绘画发展的脉络进行演变，这一时期画论著作的数量骤然剧增，但其中因袭者多，创见者少。清代绘画在卷轴画方面延续元、明以来的仿古趋势，文人画呈现出崇古和创新两种趋向，在题材内容、思想情趣、笔墨技巧等方面各有不同的追求，并形成纷繁的风格和流派。康熙、乾隆时期的宫廷绘画也取得较大发展，并引入西方写实派画风，西洋画派逐渐兴起。民间绘画以年画和版画的成就最为突出，呈现空前繁盛的局面。《芥子园画传》是清代画论著作的代表，初学中国画的人，大多从临摹《芥子园画传》入门，该书作为一本传统国画入门的教科书在中国近代的习画者中几乎无人不晓，甚至被不少西洋画画家奉为基础绘画技法学习的圭臬。除此之外，在清王朝末期，西方美学思想涌入中国，时人在评论书画作品时开始使用西方美学观念。例如王国维在其《人间词话》一书中根据其文艺观，把多种多样的艺术境界划分为三种基本形态："上焉者，意与境浑；其次，或以境胜；或以意胜。"(王国维《人间词话》)比较科学地分析了"景"与"情"的关系和产生的各种现象，认为上等的艺术境界是"意与境浑"的境界。

中国古代书画作品多是文人墨客思想与学术理念抒发的凭借，无数画论、书论著作也是文人墨客绘画、书法实践过程中产生的理论集结，是美术和书法创作实践的反映和总结，并指导着后世美术与书法创作实践的展开。

正如画论与书论指导着文人墨客的书画实践一样，在我国历史发展的长河中也有无数科技经典著作总结着先民日常生活的方方面面，如医药方面的《黄帝内经》《伤寒论》；天文学方面的《甘石星经》《授时历》；数学方面的《九章算术》；农业方面的《齐民要术》《农政全书》等。在19世纪以前，科学技术的最高成就是由中国人创造的。农学、医学、数学、天文学作为我国古代的四大自然科学，从商周时期，历经春秋战国、秦汉、魏晋南北朝、隋唐时期，到宋朝臻至鼎盛，古代中国科技在不断的发展与进步当中。

中国古代在农学方面的成就主要集中在对耕作制度的探究和农业工具的改进两个方面。在耕作制度的探究方面，自春秋战国时期开始，铁制农具在黄河、长江流域逐渐推广使用，以一家一户为基础的个体小农经济开始出现并逐渐得到发展。复种轮作制的耕作制度就出现于这一时期。现存最早的有关农业耕作制度的记录可以见于《吕氏春秋》中的《上农》《任地》《辩土》《审时》四篇当中，其中《任地》《辩土》《审时》三篇中详细论述了从耕地、整地、播种、定苗、中耕除草、收获以及不违农时等一整套农业生产技术和原则。在我国古代农业史上影响力最大的一部农书，首推《齐民要术》。该书作为我国现存最早最完整的一部农书，系统地总结了北魏末年(约公元533–534年)以前我国北方的农业科学技术，在继承前代农业理论和基本技术经验的基础上，对当时的技术创造加以分析概括，为后世农学的发展奠定了基础。此后，明代徐光启编写的《农政全书》是我国农业技术发展史上另一部值得关注的著作，该书在贯穿全书的基本思想——徐光启的“农政”思想的基础上，收录大量中国古代开垦、水利、荒政等方面的农政措施。内容上基本囊括了中国明代农业生产和人民生活的各个方面。

从农具发展的历史来看，中国古代农具的改进始于春秋战国时期，标志就是铁制农具出现。铁质农具的广泛使用，使得当时的农业水平得到极大的提高。唐代著名诗人陆龟蒙撰写的《耒耜经》被认为是中国有史以来第一部古农具专志，该书中共记述农具四种，其中对被誉为我国犁耕史里程碑的唐代曲辕犁记述得最准确最详细，是研究古代耕犁最基本、最可靠的文献，历来受到国内外有关人士的重视。在农学类著作中，除了对传统农耕业进行研究的著述外，不同的历史时期还产生了大量的专业性农书。比如唐代出现了世界上现存最早、最全的专门介绍茶叶生产的历史、源流、现状、生产技术以及饮茶技艺、茶道原理的综合性论著《茶经》，宋代出现了果树种植专书《荔枝谱》和《橘录》；明代引进大量外来物种，出现了《稻品》《芋经》《甘薯录》《木棉谱》等大量专门作物培植的专业农书。

在医学方面，原始社会早期，医与巫是二位一体的，两者一脉相承，至西周时期，医与巫才开始分家。中国先秦时期的典籍——《山海经》，通常被认为是中国古代神话、地理、物产、巫术与医药方面的第一部专著，该书就体现了早期“巫”与“医”相结合的观念。春秋战国时期,随着医药学知识的积累和提高,医和巫才各自独立。巫认为鬼神致病,治病的方法在于祈求神灵和祛除鬼魅。而医则认为致病有各种不同的实际原因,应该使用专门的医学方法和药物来治病。这一时期随着医学的发展出现了一系列专门的医药学著作,目前流传下来最早的医药学著作为《黄帝内经》。该书托名黄帝和岐伯讨论医学,用问答的形式写成。据考证,该书约成书于战国晚期,是一部内容丰富的医学理论巨著,也是春秋战国时期大量医学家实践经验的总结。秦汉之后,随着医疗实践的大量开展,我国医药学体系得到充实和提高。这一时期出现了以张仲景《伤寒杂病论》为代表的医学著作和以《神农本草经》为代表的药学著作。隋唐时期,我国的医药学在前朝基础上有了进一步发展,唐代的医药教育制度已经逐步健全。如隋唐时期的政府都设有"太医署"和"尚药局",掌管全国医政和宫廷里的医药事务。这一时期,官府还主持编修了多部医药典籍,如隋代大业六年由巢元方等人奉敕修撰的《诸病源候论》,唐高宗显庆二年由苏敬等人编修的《新修本草》(又称《唐本草》),唐玄宗开元十一年编修的《开元广济方》等书。在民间,不少医术高明的医家也著有医药学著作,如唐代"药王"孙思邈的《千金要方》《千金翼方》,王焘的《外台秘要》,昝殷的《食医心鉴》《产宝》等书。明清时期是我国古代社会发展的末期,医药学技术日趋稳定,出现了大量总结性著作。这一时期,药学方面最突出的是李时珍《本草纲目》的出现,此书采用“目随纲举”编写体例，以《证类本草》为蓝本加以补充。此书的刊行促进了中国古代本草学的进一步发展，倪朱谟的《本草汇言》、赵学敏的《本草纲目拾遗》等均是在《纲目》启示下而著成的本草典籍。达尔文在其著作中亦多次引用本书的资料，并称之为“古代中国百科全书”。

在天文学方面，中国古代天文学从原始社会就开始萌芽，公元前24世纪的尧帝时代，就设立了专职的天文官，专门从事“观象授时”。春秋战国时期，齐国的甘德和魏国的石申是当时著名的天文学家，已经开始对几个行星的会合周期进行测定，并发现了火星、金星等行星的逆行现象。我国古代天文学的成就大体可归纳为三个方面，即：天象观察、仪器制作和编订历法。在编订历法方面，采用实际测定的方法，尽量准确地测定日月五星运动的各种周期，利用月离表、五星动态表和五星入气加减值等表格来构成历法的基本框架。在中国古代历法著作中，最为著名的就是元代郭守敬领衔编撰的《授时历》。《授时历》反映了当时我国天文历法的最高水平。它有不少革新创造，例如，定一回归年为365.2425日，比地球绕太阳公转一周的实际时间仅差25.92秒，和现代世界通用的公历完全相同。在编制过程中，他们所创立的“三差内插公式”和“球面三角公式”，是具有世界意义的杰出成就。它正式废除了古代的上元积年，而截取近世任意一年为历元，打破了古代制历的习惯，是我国历法史上的第四次大改革。

中国古代四大自然科学中的数学也是先民经过长时期不断积累而总结出的经验科学。据《汉书·艺文志》记载，最早出现的数学著作是《许商算术》二十六卷和《杜忠算术》十六卷，但这两部著作现均已散佚。目前最早的存世数学著作是《周髀算经》，其中包括了应用勾股定理进行测量的方法，还有分数算法和开平方法等数学方法。但就中国古代数学著作的影响力来看，流传到现在的我国最早的一部数学专著——《九章算术》的影响力远胜《周髀算经》。《九章算术》全书收录了二百四十六个数学问题，分做九大类进行讲解，总结了周秦以来的中国古代数学，其中既包含有古代早已解决了的数学问题，也有西汉中期人们新取得的数学成就。该书的出现标志着中国古代数学体系的形成。

在中国几千年历史长河中出现的艺术与科技著作不胜枚举，中国古代的艺术与科技在相当长的时期内一直居于世界领先地位，有过不少辉煌成就，对世界文明的发展做出了杰出的贡献。本册中选取中国古代历史上曾经产生过重大影响的艺术与科技著作 20 部，分别对这些书的作者与成书过程、主要内容及阅读方法、流传和现实意义这三个方面进行导读。希望在介绍过去历史辉煌的过程中，对现代青年的阅读进行启发，帮助人们在阅读经典的过程中，体会蕴藏在字里行间的古人艺术创造和科技创新中的生存智慧与哲学，触摸中国古代艺术与科技发展的原始图景，并在未来艺术与科技探索的过程中增加“中国元素”存在的可能。

《山海经》

在人类发展史上，每一个古老的文明都有自己的一套较为完整的“体系神话”，而中国文明的情况恰恰相反，“没有可以称作神话的专门体裁，也没有一部可以从中发现记叙连贯和完整的文学作品。我们只能看到一些偶然提及的片言只语，以及分散在各个时代、各种观念的文献中的诱人的断简残篇”。[①]相对而言，在我国古代典籍中，保存神话材料最为丰富详备的著作要数《山海经》。鲁迅先生说“中国并无含有神话的大著作；其零星的神话，现在也还没有集录为专书的。我们要寻求，只可从古书上得到一点，而这种古书最重要的，便推《山海经》。”（《中国小说的历史变迁》）

《山海经》共有18篇，分为《山经》和《海经》两个部分。《山经》5篇，即《南山经》《西山经》《北山经》《东山经》和《中山经》；《海经》13篇又分为四个部分，即《海外南经》《海外西经》《海外北经》《海外东经》4篇，《海内南经》《海内西经》《海内北经》《海内东经》4篇，《大荒东经》《大荒南经》《大荒西经》《大荒北经》4篇，又《海内

①[美]杰克·波德《中国的古代神话》

经》1篇。

《山海经》一书的内容极为丰富,是一部以神话为主而又包罗万象的多学科典籍,称得上是古代文化的百科全书。在仅仅31000多字的篇幅中,除记载了大量的神话资料之外,还涉及到天文、地理、历史、宗教、哲学、民族、民俗、动植矿物和医药卫生等学术领域的各个方面,因而使此书的性质至为奇特。历代学者对它的特征认识各异,这从对该书的归类也可窥见端倪。《汉书·艺文志》将其列入形法类;《隋书·经籍志》以下又多把它列为地理书;郭璞《注山海经叙》说它"宏诞迂夸,多奇怪俶傥之言",以为它具博物志怪性质;《四库全书简明目录》说它"侈谈神怪,百无一真,是直小说之祖耳";鲁迅先生经考证后认为,书中"所载祠神之物多糈(精米),与巫术合,盖古之巫书也"(《中国小说史略·神话与传说》);蔡元培先生侧重于它的民族学属性:"这部书固然以地理书为主,而且有许多古代神话的材料,但就中很有民族学的记载。"的确,就《山海经》的分类而言,无论将它放在哪一类都不尽妥帖,然而又不无道理。

首先,它是一部神话著作。书中记载了大量神话故事,其中有许多传说流传至今。著名的黄帝、颛顼、嫦娥、后羿、夸父、刑天、精卫、大禹、西王母等神话人物,在书中都有较多记载。例如"发鸠之山,其上多柘木。有鸟焉,其状如乌,文首,白喙,赤足,名曰精卫,其鸣自詨,是炎帝之少女,名曰女娃。女娃游于东海,溺而不返,故为精卫，常衔西山之木石，以堙于东海。”(《北次三经》)又如《大荒西经》中记载：“有神十人，名曰女娲之肠，化为神，处栗广之野。”逐日的夸父、射日的后羿、生月的常羲、长寿的彭祖、西王母、舞干戚的刑天，在书中都有简单的记载，这些神话传说较为接近原生态，保存了大量源于民间的原始神话。

《山海经》中的神话人物大致上有以下几类：其一，书中记载了黄帝、帝俊、颛顼、炎帝、丹朱、舜、帝喾、尧、帝江、帝鸿、少昊等11位传说中的上古神帝。其二，记载了近古时代的人王如鲧、禹、启、成汤、王亥等的事迹。此类记载往往真幻不辨，现实与传说混为一体。其中最有名的故事为鲧禹治水“洪水滔天。鲧窃帝之息壤以堙洪水，不待帝命。帝令祝融杀鲧于羽郊。鲧复生禹。帝乃命禹卒布土以定九州。”(《海内经》)启盗天乐的传说也极富艺术的象征意义：“西南海之外，赤水之南，流沙之西，有人珥两青蛇，乘两龙，名曰夏后开(即启)。开上三嫔于天，得《九辩》与《九歌》以下，此天穆之野，高二千仞，开焉得始歌《九招》。”(《大荒西经》)其三，书中记载了分司各种自然现象的神祇，如日神、月神、海神、金神、木神、风神、雨神、旱神、浑神以及司水的天吴，司火的祝融等神祇，其他有名的神祇有30多位，有形无名的更是不计其数。甚至地上的每一座山都有一位主神。《山海经》中所载神怪，多为半人半神、半人半兽或半神半兽。如在《五藏山经》中，就有鸟身龙首、马身龙首、龙身鸟首、龙身人面、鸟身人面、人面马身、人面牛身、人面羊身、人面二首、人身龙首、人身羊首等异形异禀的怪诞形象，杂然纷呈，眩人眼目。“如果在自然界找那些怪物，当然都是找不到的；如果把那些怪物看作神话中的东西，则一一都是实有的，因为有神话上的确实性。”台湾学者杜而未的这段论述，应说是很有见地的。

其次，《山海经》是一部巫书。在中国古代，神话和巫术经常是合二为一的。在《山海经》中，不仅记载有许多与巫术有关的人物，还记载了各种复杂的祭典和许多半人半兽的神怪。《海外西经》中有巫咸国、巫咸山，“群巫所从上下”；又有“女丑之尸，生而十日炙杀之”，可能是女巫天旱祷雨，被曝而死的景象。《海内西经》昆仑山“开明东有巫彭、巫抵、巫阳、巫履、巫凡、巫相，夹窫窳之尸，皆操不死之药以距之”；《海内北经》有蛇巫山，是西王母居住的地方。《大荒南经》有载民国，谓之“巫载民”，可见其国巫风之盛；有巫山，其上有上帝的神药“八斋”。《大荒西经》有灵山，“巫咸、巫即、巫朌、巫彭、巫姑、巫真、巫礼、巫抵、巫谢、巫罗十巫，从此升降，百药爰在”。英国学者霍克斯在其论文《求宓妃之所在》中指出：“这种依次列举宇宙各地地名的例子，在早期的巫术文学中已经有了……《山海经》中依次列举各座山岳，有仪式化的宗教的含义，采用的全是上述依次列举的方式。”①

再次，《山海经》是一部地理书。这不仅因为它是以地理概念

①《楚辞资料海外编》，湖北人民出版社1985年版。

来划分全书的纲目，更因为它有着实在的人文地理的确切内容。东汉初年明帝命王景治水，赐之以《山海经》等书，这说明当时是把它作为实用地理书看待的。经历代学者诸如毕沅、吴承仕、徐旭生、谭其骧等人的研究和考察，书中所载的许多山川，都可以在现实中找到确切的地望或可靠印证。像流沙、弱水、火林、炎火之山(即今吐鲁番盆地)等实有地名，书中皆言之凿凿。所以徐旭生先生认为："须认清《五山经》为古代遗留下相当可信之地理书……其《海内》《海外》《大荒》各经，亦保存古代传说甚多，其真正价值绝不在《禹贡》诸篇之下，亦毫无疑问。"(徐旭生《中国古史的传说时代·读山海经札记》)谭其骧先生则指出："实际上《山海经》中《山经》部分包含着很丰富的有关黄河下游河道的具体材料。"(参见《山经河水下游及其支流考》)张维华、于化民两先生也认为："《山海经》《禹贡》都有关于西北地理和民族的记载。纵然其中有传说想象的成分，但确实含有西北各地的一些事实。"这些观点得到了国际地理学界的认同："欧美的地理学家和历史学家一致认为，《山海经》是世界上最古老的地理志，是一部令人感到吃惊的包括整个世界旅行的记述，是一部记述有关地理现象的著名古典文献。"①近年来，国外又有报道说，美国学者认为，《山海经》的某些部分，相当精确地描写了北美大陆的地形地物。默茨在《淡墨》中

---

①刘道一：《欧美学者对古代中国人到美洲问题的研究》，《中国史研究动态》，1981 年第 1 期。

说："书中的第四经《东山经》，有四卷描述'东海以外'的山川形势，竟与太平洋彼岸——北美洲西部和中部的地形默然契合……第十四经中描述到'光华之谷''河水流进无底深渊''日生于此'等。任何一个曾经在北美科罗拉多大峡谷旅行及观赏过日出的人，都会毫不怀疑《山海经》中的这段内容指的就是那里。此外《山海经》中还有不少笔墨是描述五大湖区及密西西比河流域等北美东部地区的情况的。"①尽管这些观点尚待进一步论证充实，但《山海经》的地理学价值却是应予肯定的。

《山海经》中还记载了大量动物、植物、矿物等方面的内容。如《西山经》写到密山："其上多丹木，圆叶而赤茎，黄华而赤实，其味如饴，食之不饥"；还写到"其中多白玉"的丹水，写到"钟山之阳"的瑾瑜之玉，"天地鬼神，是食是飨；君子服之，以御不祥"。《大荒西经》中记载了"凤鸟之卵是食，甘露是饮""凡其所欲，其味尽存""爰有百兽，相群是处"的沃之野。《海内经》记载了"爰有膏菽、膏稻、膏黍、膏稷，百谷自生，冬夏播琴(种)。鸾鸟自歌，凤鸟自舞，灵寿实华，草木所聚。爰有百兽，相群爰处"的都广之野。这些鸟兽虫鱼、蔓草花木以及玉石矿物的各种作用，已为当时的人们所清楚认识，知道它们不仅可以用以充饥、御寒，而且可以用以强壮身体，防治诸科杂症。这充分说明，人们对于自然界的认识已达到较

①参见周秋麟、付天保：《是4000年前的灿烂文明？》，《科学画报》，1980年第8期。

为深刻的程度。

《山海经》中关于猿类动物的描写不仅较多，而且较为具体。比如《南山经》《西山经》和《海内南经》中有猩猩和长臂猿，《北山经》和《中山经》中有山膏。这些猿类动物“如禺而长臂，善投”“见人则笑”“其行如风”“见人笑亦笑”。这些特点与轰动一时的湖北神农架“野人”极为相似，使《山海经》为楚人所作的说法更多了一层可信的因素。

《山海经》特别是《海内经》中对海洋景物的描写，不但具体详细，而且相当逼真。书中关于飞鱼(文鳐鱼)、海豹(狸力)、海狗(鯅鱼)、海龟、一角鱼(箴鱼)、翻车鱼的记载，似乎经过了实地考察，带有浓烈的海洋气息。

《山海经》中还记载了匈奴、钜燕、朝鲜和东胡等主要少数民族以及一些远国异人的奇风异俗。特别是海外各经，记载了许多具有神话色彩的远方国家和民族。比如《海外南经》中有结胸、羽民、贯胸、交胫、反舌、三首、长臂等国；《海外西经》中有三身、一臂、奇肱、丈夫、女子、长股等国；《海外北经》有无启、一目、无肠、跂踵等国；《海外东经》有大人、黑齿、玄股、毛民等国。仅从这些国名称谓上看，就可以联想到国民的形体和禀赋的奇特。

《山海经》内容的丰富多彩，确凿真切，与其形式的神秘莫测，怪诞不经，以及行文的艰涩生僻，简约隐晦，共同形成了该书的特色，形成了该书的真实与虚幻、科学与神秘、繁杂与简略、鲜明与晦暗的对立统一。这种情况，给《山海经》的研究工作带来了极大的困难，导致了异说纷呈，奇谈屡见的复杂局面。早在汉代，历史巨匠司马迁就曾感叹说："言九州山川，《尚书》近之矣；至《禹本纪》《山海经》所有怪物，余不敢言之也。"(《史记·大宛传赞》)

关于《山海经》的作者，自西汉以来较正统的说法，都认为是伯益等人。此说首见于西汉刘秀(歆)《上山海经表》："《山海经》者，出于唐虞之际。昔洪水洋溢，漫衍中国……禹别九州，任土作贡；而益等类物善恶，著《山海经》。"这一说法对后世影响较大，《论衡》《吴越春秋》《博物志》《水经注》《隋书》《颜氏家训》等书都取此说。近现代学者在探讨过程中，又提出了夷坚作说、邹衍作说、楚人作说、印度人随巢子作说等新说。可谓众说纷纭，莫衷一是。只有一点是明确的，即它非出于一人之手，亦非一时之作。它大致成书于战国时代，至汉初又有所增益。自西汉末年刘向父子删定之后，旧来注此书者甚多，有晋郭璞，明杨慎、王崇庆，清吴任臣、毕沅、郝懿行等，尤其以郝注《山海经笺疏》最佳，"通才卓识，多所发明，后来居上，冠于诸家"。但是也有"以人事现象释神话，混神话于历史"(袁珂《山海经校注》序)的弊端。现代学者袁珂以郝注为底本所撰《山海经校注》集诸家之长，搜罗丰富，征引详博，颇有新见，为目下流行的权威注本。此外据学者考证，《山海经》在古代是带有图画的。郭璞《〈山海经〉注》中每有"画似仙人也""画亦作牛形""亦在畏兽他图中"一类说明。陶渊明也有"泛览周王传，流观山海图”的诗句。但是，在长期的流传过程中，这些古图均已亡佚。今本《山海经》中的图画是后人补画的。

《山海经》对后世的影响之大，是无论怎么估计也不为过的。《海内北经》中所说“蓬莱山在海中，大人之市在海中”，成为后世海上三仙山(蓬莱、方丈、瀛州)的起源。庄子《逍遥游》中的藐姑射山神人即《海内北经》中所记载的“姑射国”神人。屈原的《天问》与《山海经》之间关系极为密切。宋玉《高唐赋》《神女赋》中的瑶姬形象，原本于《中次七经》中的“帝女”。《西游记》中孙悟空大闹天宫的形象，即是从“共工与颛顼争帝”“刑天与帝争神”的古神话变化而来。陶渊明《读山海经》诗“刑天舞干戚，猛志固常在”的诗句，借刑天形象充分表现了诗人人格的另一侧面。清人李汝珍《镜花缘》前四十回写唐敖随林之洋游历海外 41 国，其中的奇风异俗、畸人怪相比比皆是，无不取之于《山海经》。作者借题发挥，大做文章，写了两面国人的伪善、淑士国人的酸腐、无肠国人的盘剥、聂耳国人的迷信，既生动有趣，又见解精辟，较好地活用了神话素材。毫无疑问，《山海经》在中国传统文化中占有极为独特而无可替代的地位，它的极其丰富广博的内容还有待国内外专家学者更深入地开掘和研究。

（蔡赓生）

《黄帝内经》

《黄帝内经》(简称《内经》)是我国现存医学文献中最早的一部著作。它系统阐述了祖国医学的理论体系,规定和影响了后世医学的发展方向、理论特质和方法论特色,从而在中医文化的发展过程中起着极其重要的作用,被誉为“医家之宗”。同时,《内经》还是一部古代百科全书,它“上极天文,下穷地理,中悉人事”,内容繁复。《内经》中有相当多的篇幅深刻地阐发了当时哲学领域的一些重大问题,因此可以认为《内经》同时又是古代的一部重要的哲学著作。

历代有不少史学家和医学家对《内经》编纂成书的时代进行过考证,结论不尽一致。据著名《内经》研究专家李金庸教授的考证,其成书时代是战国后期,成书地点在秦国。作者为了表明学有所本,遂托名黄帝以取重。

从现存《内经》的内容看,除了引用《内经》成编以前的古医学著作,以及在很大程度上保留着古代的本来面目外,其中一部分出于后人的增补；而且还显露出许多学术观点的分歧，甚至有自相矛盾之处，说明今本《内经》不是出自一人的手笔，也不是一个时代、一个地方的医学成就，而是在相当长的历史时期内，众多医学家集体智慧的结晶。

古典医籍中，除《内经》外，以“经”为书名的还有《难经》《本草经》《甲乙经》《中藏经》等。所谓“经”就是常道、规范的意思。医书名为“经”，即是为了说明本书是医学的规范，示人重要之意。

“内”与“外”相对而言。《汉书·艺文志》中，医经有《黄帝内经》《黄帝外经》等七家。其中除《内经》外均已亡佚，无法对照分析“内”“外”之分的意义。有些学者认为它类似现代的上卷、下卷的编写体例，并无深意。

现存《内经》，包括《素问》《灵枢》两部分，各 81 篇，合 162 篇。从内容来看，《素问》详于基础理论，《灵枢》重于针灸经络。全书大多以黄帝与岐伯等七臣子讨论人体生理、病理、治疗等问题、相互问答的形式编纂。《素问》即是黄帝向其臣子询问人体生理、病理知识的意思；《灵枢》则是生命关键、要领的意思。

史书中，最早提到《内经》书名的是西汉刘歆的《七略》，东汉班固的《汉书·艺文志》本之，作“《黄帝内经》十八卷”。《素问》之名，始见于东汉末年张仲景的《伤寒杂病论·序》。其后，晋代皇甫谧在《黄帝三部针灸甲乙经》中，才提到《内经》包括《素问》和《针经》。

由于战乱,《素问》流传到唐代,就已损残散失不全。唐人王冰对残本作了编次和注释,并将自己所著的《运气七大篇》补入。现在通行的《增广补注黄帝内经素问》,就是经王冰收集整理,重新编次为24卷,并经宋代林亿等校正后而流传至今的。

《灵枢》最早被称为《九卷》,初见于张仲景的《伤寒杂病论·序》。从晋开始,又称为《针经》《灵枢》之名,始见于唐代。《灵枢》在一个很长的时期内亡佚不传。现在通行的《灵枢经》,由南宋史崧校正刊行流传至今。

古代医学以粗浅的解剖为基础, 通过对生命现象的长期观察,医疗实践的反复验证,逐步形成了《内经》的理论体系。其主要内容有阴阳五行学说、脏象学说、经络学说、病因病机学说、病证、诊法、治则治法、养生学说以及运气学说等,而由哲学、基础理论医学和临床医学理论三个层面所构成。《内经》理论体系是以朴素的唯物辩证法为指导,以脏象学说为中心建构起来的,因而,朴素的唯物辩证法思想和脏象学说也就成为《内经》学术思想的核心和体现。

撷取先秦唯物论思想的营养,《内经》将唯物的思想和方法引入人体生命科学之中, 从而丰富和发展了中国古代唯物主义思想。

首先,《内经》认为气(或阴阳二气)是产生一切的物质根源。它说:"阴阳者,天地之道也,万物之纲纪,变化之父母,生杀之本始，神明之府也。”(《素问·阴阳应象》)“阴阳者，万物之能始也。”(《素问·阴阳应象》)“气合而有形。”(《素问·六节脏象》)说明了气是宇宙的本源，它充溢于天地之间，一切物质形体都是精气的聚合。进而认为气既是构成人体的基本物质，又是人体的生命动力和机能表现，人体正常之气称为正气，又别为真气、宗气、营气、卫气以及五脏之气等。气之盛衰强弱，决定着人体生命力的强弱；新陈代谢过程被描述为气化活动；生命现象来源于气机的升降出入。

这样，《内经》把医学理论与唯物主义自然观密切地结合起来，从而在自然科学极不发达的时代，把医学理论推向了正确发展的轨道。例如《内经》认为疾病的产生，是因为自然界邪气的入侵和体内正气虚弱的结果，对健康和疾病作出了客观的说明。

《内经》认为宇宙间存在着阴阳两类不同属性的对立，阴阳的消长转化、对立而互补，是一切事物发生、发展、变化的内在动力，并运用这一思想方法去认识、研究人体生命活动的规律及其与自然界的关系。

《内经》根据人体器官的机能特点，进行了五脏六腑以及其他众多组织器官的阴阳分类，如五脏属阴，六腑属阳，腹属阴，背属阳等。认为机体正是具有这些对立的组织结构，才能构成一个统一的有机整体，推动生命的运动变化。值得指出的是，《内经》的这种阴阳分类是相对的，而且阴阳之中还可以再分阴阳，既有原则性，又充分表现出辩证的灵活性。

阴阳辩证法在《内经》中最有意义的发挥，恐怕在于对生命活动对立统一规律的认识。《内经》认为人体生命的活动过程，正是体内阴阳两方在矛盾的运动中，不断求得动态平衡的过程，即"阴平阳秘，精神乃治"(《素问·生气通天》)。如果人体阴阳失却正常的均势，就是病理现象，出现"阴胜则阳病，阳胜则阴病。阳胜则热，阴胜则寒"(《素问·阴阳应象》)。体内外属阴属阳的致病因素，皆可导致机体阴阳之气失常，因而祛除病因，调整阴阳，也就成为治疗的基本原则和最终目的，亦即"谨察阴阳之所在，以平为期"(《素问·至真要》)。

《内经》还揭示了人与自然既对立又统一的微妙关系，认为人体阴阳之气的活动在于同自然界阴阳之气的规律性变化协调的过程中，出现了诸如年节律、月节律、日节律等规律。由于机体生命活动与大自然息息相通，即所谓"人以天地之气生，四时之法成"(《素问·六节脏象》)，因而要求顺应四时阴阳的变化，在不断地求得与自然的统一中保养生命，防病治病。

运动、变化、发展的整体恒动观，作为活的灵魂，闪现在《内经》理论的每一层面。如人体内属阳的卫气和属阴的营气，以阴阳相贯、昼夜不停的方式运行于体内，其正常与否可以在脉象上表现出来，这就是切脉诊疾的理论依据。人体疾病也被《内经》认为是不断发展变化着的，因此，用运动变化的观点认识、分析疾病，并针对疾病发展变化的不同阶段，采取相应的治疗方法，这就是中医学“辨证论治”的理论根据。

《内经》理论认为人体五脏六腑阴阳之气与自然界五行之气的运动是相互收受通应的，这就是“天人相应”“人与天地相参”的整体观，根据这种观点，《内经》把人体的脏腑组织与自然界有关事物密切地联系起来，形成了“四时五脏阴阳”的理论体系，或者称之为脏象学说。

首先，《内经》将组成形体的各种脏器，按照功能特点，概括为五脏（肝、心、脾、肺、肾）、六腑（胆、胃、大肠、小肠、三焦、膀胱）、奇恒之腑（即非同一般脏腑之意，包括脑、髓、骨、脉、女子胞）三大类，并按照它们功能活动联系的规律，分别构成了以五脏为主体的五个功能活动系统。各体系通过气血的流通，经络的络属，脏腑的联系来实现其功能。如肝系统：肝→胆→筋→目→爪。五个系统之间又通过五行生克关系来达到调控的目的，使整个五脏系统维持在一定的相对稳定状态，构成一个生命活动整体。

进而，《内经》把五脏功能系统与自然界的“阴阳四时”等自然现象联系在一起，构成了更为庞杂的体系——以五脏为中心，与五（六）腑、五官、五体、五气、五（四）时、五方等广泛联系的“四时五脏阴阳”系统。

总之，《内经》力图把自然现象、人的生理现象、精神活动都统一于共同的物质基础，并加以广泛联系、系统分类，形成了独具特色的“整体恒动”的医学理论体系。

中医文化，源远流长，在上下两千年的历史中，不断发展壮大，为中华民族的繁衍昌盛作出了重要的贡献，至今仍在广大的领域为人类的健康保健事业发挥着独特的作用，成为世界医学史乃至整个文明史上的奇迹。《黄帝内经》正是中医文化大流的源头，一直指导着中医的发展方向，成为中医必须遵循的理论根据。历代医家无不把《内经》视为必修之书而研究和运用，研究专著林林总总，不下200种。中医发展史中，产生了众多学术流派，然究其实质，无不外乎是对《内经》某一理论的继承和发挥。从以下对几部中医名著的介绍中，可以清晰地看到《内经》对于中医理论的发展起着何等重要的作用。

一、秦越人《难经》与《内经》的脉诊。秦越人，即人所熟知的名医扁鹊，约生于公元前5世纪。扁鹊脉诊最有成就，故《史记》有“至今天下言脉者，由扁鹊始也”的记载。这位脉诊之父的脉学思想直接导源于《内经》。《内经》已较详细地说明了寸口脉诊的原理和意义，认为寸口脉诊可以单独地察知五脏六腑的病变《素问·五脏别论》)。托名扁鹊、实成于东汉的《难经》，继承和发挥了“独取寸口”的方法，从而把《内经》的三部九候全身遍诊法加以简化，使脉诊更方便地运用于临床。现在，拿脉似乎已成为中医诊病的象征。

二、张仲景的《伤寒论》与《内经》的热病理论。张仲景，名机，东汉南阳郡涅阳人。他第一个建立了理法方药俱全的辨证论治体系，所著《伤寒杂病论》，不仅一直指导着我国医家的临床实践，而且从唐宋以后，其影响已远远超出了我国，流传到不少国家。迄至当代，中国、日本等国仍有大批学者在研究仲景学说。鉴于仲景在医学史中的特殊地位，故世有医圣美誉。

《伤寒论》所建立的六经辨证论治体系，是仲景“勤求古训，博采众方”，参考《素问》《九卷》(即《灵枢》)，结合自己丰富的临床经验编纂成书的，因而他的学说与《内经》一脉相承。关于“伤寒”的概念，仲景即是根据《内经》中的“热病者，皆伤寒之类”“伤于寒者，则为病热”(《素问·热论》)之说而来，即泛指一切外感所导致的发热性疾病。《伤寒论》中的三阴三阳六经(即太阳、阳明、少阳、太阴、少阴、厥阴)辨证纲领，直接来源于《热论》；六经病变传变的方式也有明显的学术传承痕迹。《伤寒论》六经辨证体系比《素问·热论》更为系统、充实，并发展出一整套理、法、方、药系统，把基础理论与临床实践密切地结合在一起。这些正是张仲景对《内经》学术的继承和发展。

三、华佗的《中藏经》与《内经》脏腑病证。华佗，字元化，东汉沛国谯人，中医外科之祖。所撰《中藏经》专题发挥《素问》《灵枢》的色脉诊以及脏腑虚实寒热的病证。《中藏经》分析、归纳了《内经》有关篇节，从平脉辨证的角度，建立了脏腑辨证的理论体系。此后，医学家们纷纷推崇这一辨证方法，至今，脏腑辨证方法仍是中医辨证论治的主要方法。

四、皇甫谧的《针灸甲乙经》和《内经》的针灸、经络理论。皇甫谧，字士安，晋安定朝那人，所撰《针灸甲乙经》为现存最古老的、系统的针灸学专著。

针灸术历史悠久，自汤液剂型出现后，针灸在医疗上逐渐失去主要地位，而为汤液所取代。《针灸甲乙经》的行世，又使针灸学这门古老的医术重现光辉。历代针灸家多以此为蓝本。日本针灸学的兴起，就正是导源于此书。

皇甫谧编著《针灸甲乙经》，是以《内经》为主要基础的，而对经脉、俞穴、针法进行了总结、整理，使《素问》《灵枢》一变而为针灸专著。可见《内经》在针灸史上有着重要的地位。

纵观中国医学史，可以看到那是一部《内经》医学理论继承和发展的历史。在振兴中医的当代，《内经》所提供的独特的医学模式和医学方法，必将极大程度地影响中医文化的延续和兴旺。

（陈新）

《盐铁论》桓宽

在西汉武帝时期，发动了好几次防御性和统一中国的战争。毫无疑问，这些战争扩大了中国的疆域，奠定了地大物博的现代中国的基础；打开了中国与中亚细亚、欧洲、日本、南洋的交通；向在政治、经济、文化诸方面发展比较落后的各族人民传播了汉族的文化；输入了外国的物质和文化，丰富了中国人民的物质和精神生活。所有这些，对于中国历史的发展起了重大的进步作用。汉武帝所以能够创建如此辉煌，足令后代君王瞠乎其后的文治武功，他的雄才大略，能够顺应时代的要求和民族的愿望，固然起着一定作用，然尤为重要的，就是他拥有一个良好的经济基础，而这个经济基础的创造，首先应归功于桑弘羊。

自从刘汉政权建立以来，有关国计民生的一些重要工业，如冶铁、煮盐之类，都落入豪强和兼并之家手中。至武帝时代，由于采纳了主要是桑弘羊提出的一些策略，实施了盐铁国营、酒类专卖以及平准均输一系列的财政政策。对生产力的组织和生产品的"笼络"，都有了诚如《史记·平准书》所言的"言利事析秋豪"的精密安排，社会财富有着显著的增加，而刘汉政权的国力也随之与日俱增。西汉扬雄《法言·寡见篇》引曰："弘羊榷利而国用足。"《汉书·食货志赞》指出"孝武时国用饶给而民不益赋"，皆由"弘羊均输"。《汉书·公孙弘卜式儿宽传赞》称述汉武帝时"海内艾安，府库充实""是以兴造功业，制废遗文，后世莫及"，指出"汉之得人，于兹为盛"，其中"运筹则桑弘羊"。正是这样的经济基础支持了汉武帝的好大喜功，也正是以桑弘羊为首的大臣们倡行的一切财政措施给刘汉王朝的巩固统一和扩张势力造就了经济前提。北魏贾思勰在《齐民要术·自序》中就曾中肯地评说了桑弘羊的均输之法："益国利民，不朽之木。"《汉书·车千秋传》写道："桑弘羊为御史大夫八年，自以为兴榷筦之利，伐其功。"这就更充分地说明对汉武帝时代兴盛景象的形成，桑弘羊为首的大臣们所倡行的财政措施起了决定性的作用。桑弘羊力倡"天下之利，皆命入官""富商大贾，无以牟利"，这样便剥夺了豪强和兼并之家的既得利益。《汉书·车千秋传》载："始元六年，诏郡国举贤良、文学士，问以民所疾苦，于是盐铁之议起焉。"《车千秋传》又写道："所谓盐铁议者，起始元中，征文学、贤良，问以治乱，皆对愿罢郡国盐、铁、酒榷、均输，务本抑未，毋与天下争利，然后化可兴。御史大夫桑弘羊以为此乃所以安边境，制四夷，国家大业，不可废也。"这场发生在公元前81年的"盐铁之议"，即是在这样的时代背景下发生和展开的。

以桑弘羊为代表的"杂儒"与以贤良、文学为代表的"纯儒"相互辩难，针锋相对，就连《盐铁论》的作者桓宽本人也称之为“战口”。王充在《论衡·案书篇》中也写道：“两刃相割，利害乃知；二论相订，是非乃见。是故韩非之《四难》、桓宽之《盐铁》、君山《新论》之类也。”在这场热烈而又尖锐的诘难中，出场人物有丞相、御史大夫和丞相史，御史以及贤良、文学60多人，辩论了包括盐、铁、均输、酒榷等具有时代特色的诸多问题。这场辩论，在当时“虽颇有其议文”，后来通过桓宽的“推衍盐铁之议，增广条目，极其论难，著数万言”，遂成流传千年的《盐铁论》。

《盐铁论》，又名《桓宽盐铁论》，也名《贞山子》。成就其书者桓宽（生卒年不详），字次公，汝南（今河南上蔡西南）人。博通典籍，善于文章，平生研习《公羊春秋》。他与同乡朱子伯交游深厚，后被荐为郎官。汉宣帝时，官至庐江太守丞。他认为师法古人治国，以农为本，崇尚仁义，则久安长治，趋合世俗，以工商为本，专务权利，则朝危夕亡。朝廷官吏议论大事不可“括囊不言，容身而去”，不应“阿意苟合以悦其上”（《盐铁论·杂论》）。正是因为桓宽与朱子伯友善，才得援于朱子伯获知公元前81年的这场“盐铁之辩”的详情。出于“究治乱，成一家之法”（《盐铁论·杂论》）的志向，桓宽对会议的原始记录进行加工整理，将御史大夫桑弘羊与丞相车千秋以外的与会者，塑造成四个鲜明的形象。御史大夫属员为御史，丞相属员为丞相史，来自民间60余位贤良、文学合而为贤良、文学两人，从而书成。

《盐铁论》是一部记录西汉盐铁会议上争论各方思想观点的著作。就图书分类而言，《盐铁论》虽同刘汉王朝其他几次公开讨论的记录，譬如，为人所熟知的《石渠奏议》《白虎通德论》等一样，但那些都不过是总结性的文件，仅仅有些干巴巴的条文，而《盐铁论》则很好地且较为客观地反映了当时正反两方的论辩，其辩论范围非常广泛，涉及政治、财政、社会、外交和学术等诸多方面，无疑，这给中国思想史的研究，提供了许多宝贵的材料。

《盐铁论》全书共10卷，60篇。其主要内容有：力耕、通有、复古、非鞅、晁错、刺权、论儒、园池、轻重、忧边、散不足、西域、论邹、申韩、周秦、大论等。大致可划分为三个部分：《本议第一》至《取下第四十一》以盐铁、均输、酒榷等官管财政经济政策之兴废为讨论的主题；《击之第四十二》至《大论第五十九》，以继续抗击匈奴完成武帝遗志为主题，还附带讨论了法制与礼治等问题。《杂论第六十》，略同后序。

通观《盐铁论》一书，其论述的核心问题乃是本末。本即农耕，末着重是指盐铁、均输、平均、榷酤等政府所控制的经济事业。文学、贤良的"崇本退末"(《本议》)主张，要官府放松对末业的控制；而大夫的"本末并利"(《轻重》)政策，则是要维护官府垄断末业。大夫指出，"农用乏则谷不殖，宝货绝则财用匮"(《本议》)，农工商的关系是相互依靠，彼此促进的。因此，要"开本末之途，通有无之用"(《本议》)。又强调"富在术数，不在劳身；势在利居，不在力耕"

(《通有》),将商业活动看作财富的源泉。其所谓“本末并利,上下俱足”的提法,实为一种重末贱本的理论。贤良文学虽承认“商通郁滞,工备器械”的社会活动,但认为工商并非治国之本。他们认为当时的政策,使“公卿积亿万,大夫积千金,士积百金,利己并财以聚,百姓寒苦,流离于路”(《地广》);要求朝廷“罢盐铁,退权利,分土地,趋本业,养桑麻,尽地力”(《水旱》);认为如此这般便可以维护男耕女织的大业,缓和社会矛盾。桑弘羊等人顽强地反对“退末”之建议,认为这种“损上徇下,亏主而适臣”(《取下》)的做法,必将造成“利归天下,而县官无可为者”(《取下》)的恶劣的后果。

本末问题之争与对匈奴的战和关系紧密。西汉朝廷来自末业的大部分收入,用于战争以及与战争休戚相关的事业。故而第一次盐铁会议结束之后,贤良文学以新任列大夫的身份向丞相及御史大夫辞行时,桑弘羊提出继承武帝抗击匈奴之遗愿,“欲以小举击之”(《击之》),当即遭到贤良文学的反对,并因此不得不又召开第二次会议。桑弘羊等人充分肯定秦皇、汉武的丰功伟绩,反复强调只有将对匈奴的战争继续下去,才能带来安宁和利益。战争虽会带来沉重的徭役兵役负担,但“边境强则中国安”(《地广》),从长远来看“卒获其庆”(《诛秦》)。贤良文学对武帝发动的反击匈奴的战争,表面上肯定,实则否定,谴责“往者兵革亟动,师旅数起”(《诛秦》),带来重负和困苦,将武帝晚年的“黎人困苦,奸伪萌生,盗贼并起”,完全归咎于“欲毕匈奴而远几也”(《西域》)。他们夸张匈奴“不变业而中国以骚动矣。风和而云解，就之则亡，击之则散”（《备胡》）。既然难以制胜，则不若“偃兵休士，厚币结合”（《击之》），以体现“去武行文，废力尚德”的方针。

礼治还是法制，这是盐铁会议中辩难的又一重大问题。贤良文学强调以仁义礼乐教化百姓。贤良文学认为“礼义立，民无乱患”“礼义坏，堤防决，所以治者未之有也”（《论诽》）。大夫指出，“异时各有所施”（《大论》），当今乱世不同于“敦朴之时”。只有“绳之以法”“断之以刑，然后寇止奸禁”（《大论》），才能出现安定局面。文学贤良强调严刑峻法的统治“不可久也”（《诏圣》），危机只能由礼来解决。治乱不在于民，在于朝廷用什么政策引导黎民为善，防范百姓为恶。

经济、民族、政治方针的争论，同样又会引起哲学上的论难。文学贤良认为民之为善为恶，“非性之怵，风俗使然也”。而风俗的优劣与统治者的政策、社会经济状况密切相关。根据“仓廪实而知礼节，衣食足而知荣辱”的古训，他们讲：“贫即寡耻，乏即少廉”（《国疾》）“故富民易与适礼”（《授时》）。桑弘羊则认为凡人皆有辨别善恶的能力，都追求荣华富贵，但“贤不肖有质，而贪鄙有性”（《疾贫》），教化并不能够改造人性，它只能辅助善者为善，而不能使恶者为善。在天人关系上，双方观点恰恰相反。主张性可教化的贤良文学宣扬天人感应的神学思想：“政有德则阴阳调，星辰理，风雨时。”（《水旱》）“臣不臣，则阴阳不调，日月有变，政教不均，则水旱不时,螟螣生。"(《论灾》)桑弘羊则以为阴阳自然运行结果造成灾害:"禹汤圣主,后稷伊尹贤相也。而有水旱之灾。水旱,天之所为,饥穰,阴阳之运也。故太岁之数在阳为旱,在阴为水,六岁一饥,十二岁一荒,天道固然,殆非独有司之罪也。"(《水旱》)为了坚持当时的政策,大夫主张"时世异务"(《国疾》)。当政者"或作之,或述之,然后法令调于天,而器械便于用也。如果信往道古,必乖于今""而不合于世务"(《刺复》),这样就会遭到失败。而贤良文学则表示反对,提出"复往古之道,匡当世之失"(《利议》),主张在复古的形式下着手改革。

《盐铁论》在文体上有所创新,它发展了汉赋的对话文体,于是又成为艺术价值很高的反映历史题材的对话体散文。它的记述井井有条、层层逼进,步步深入地将辩论中展开的主题思想阐述出来,并且,通过对话勾勒出了人物形象。《盐铁论》在总结这次辩论时如此写道:"中山刘子雍言王道,矫当世,复诸正,务在乎反本。直而不徵,切而不𤎖,斌斌然斯可谓弘博君子矣。九江祝生奋由、路之意,推史鱼之节,发愤懑,刺讥公卿,介然直而不挠,可谓不畏强御矣。桑大夫据当世,合时变,推道术,尚权利,辟略小辩,虽非正法,然巨儒宿学,恶然不能自解,可谓博物通士矣。然摄卿相之位,不引准绳,以道化下,放于利末,不师始古。《易》曰:'焚如弃如。'处非其位,行非其道,果陨其性,以及厥宗。车丞相即周、吕之列,当轴处中,括囊不言,容身而去,彼哉!彼哉!"显而易见,作者完全掌握了参加这次论辩双方主角的特点，亦即这些典型人物的个性，从而方可活龙活现地刻画出这些历史人物的轮廓。通过对话，除了反映双方思想活动的过程以外，更重要的是突出了典型人物语言的个性。《盐铁论》除了在对话中表现出桑弘羊的博通之外，还活灵活现地展示出桑弘羊丰富多彩的语言天才。由于桑弘羊出生于商人家庭，比较熟悉社会生活，从生活实践中获得了使用语言的艺术，从而在辩论中，他正确地、大胆地使用了一些鲜活的语言。作者在书中如实地记录下来，强化了《盐铁论》的艺术效果。如《利议篇》桑弘羊拿“如品即口以成事”来嘲笑贤良、文学的人多嘴杂。这些生动形象的语言，衬托出桑弘羊的机智和风趣，使人如见其人，如闻其声。更为引人注目的是，《盐铁论》里的人物对话，都密切地联系着人物的社会生活，贴切生动。桓宽对丞相和丞相史这两个人物的处理把握，最是匠心独具，让人扼腕叹服。发言当中，丞相称说道家，丞相史称说儒家；丞相自称为“吾”，丞相史自称为“仆”；丞相自称“有司”，丞相史自称“大夫”；丞相称对方为“诸生”，丞相史称对方为“文学”。就这样，作者不仅很忠实地叙述了辩论的内容，而且很有特色地描绘了这些人物的细微末节。这些细节描写，平添了几分历史现实的真实性。当第一部描写人物的颇有文采的史著《史记》问世不久，又出现了《盐铁论》这样一部对话式政治学术讨论论文集，这不能不算作中国文学发展史上具有重大历史意义的事情。正因为如此，郭沫若曾多次撰文为《盐铁论》鼓呼，在《三点建议》和《序盐铁论读本》中，力主将它安排到中国文学史课程表中。

《盐铁论》对于以后的政治、经济、民族政策的制定，都有所影响。其中的儒家思想，长期被视为可以“俾国家之政者”(都穆《序》)，不但可以行之当代，而且可以施与后世。近代以来，除了继续有肯定贤良文学的见解外，还出现了研究称颂桑弘羊学说的著作。《盐铁论》所渗透的思想，任你千秋评说。不过，李卓吾先生有言：“盐、铁不可废”(李贽《史纲评要》卷八)，“如桑弘羊者不可少也”(李贽《藏书》卷十七《富国名臣总论》)。

(岳愿举)

《九章算术》

《九章算术》是流传至今的我国最早、影响最深远的一部杰出的数学典籍,也是世界数学史上极为珍贵的古典文献。该书是周秦至汉代中国数学发展的总结,几乎集中了当时的全部数学知识,标志着中国传统数学作为一个机械化算法体系的确立。

《九章算术》(以下简称《九章》)不是出自一人手笔,也不是一个年代的著作,而是在较长时期内经多人之手,纂辑、修改、逐步充实而成的。

《九章》的问世是社会发展、生产水平提高的必然结果。自春秋战国起,我国的农业、手工业以及各种技术都有很大的发展,出现了铁器,有了矿产的采掘,长城的修筑,大型水利工程的兴修等,相关的技术也有了长足的进步。在这一背景下,各种专门学科的学术著作都相继出现。随着天文历法、机械制造、土木工程、军事设施、采矿冶金、田亩测量、度量衡、物资分配、运输、交换、赋税等的发展,必然要提出或需要各式各样的数学知识。如西汉由于农业的发展,谷物产量增加,就需要修建各种形状的粮仓,这就会导致对立体体积计算的需要。粮食增加后广泛用于交换,又需要有关"比例"的知识。大型水利工程的兴修也需要各种复杂的计算。从战国开始,有些地区陆续实行"履亩而税"制度,需要对地亩面积进行更精确的丈量计算。汉武帝实行的"均输法"实质是由国家规定合理运输赋谷的方案。在天文历法和乐律方面也需要用到分数和分数计算。春秋时政治家李悝曾计算过个体农民的全年收支,结果是入不敷出。这种"不足"正是负数产生的基础。只要翻看一下《九章》的内容,可以发现其中的许多概念、算题都是社会发展的反映和需求。"粟米"章米谷问题多、商业问题少与当时的重农抑商政策相一致,把地亩的计算作为首章,反映的是商鞅变法以来地亩面积计算已成为最普遍的问题。"衰分"章中把三个乡按人数多少派分劳役的事列入,也明显是为了适应当时社会的需要。

对《九章》的成书时代,说法颇多,意见尚不统一。主要有陈直的"西汉中期齐人作品"说;李继闵的"西汉宣帝(公元前1世纪前半期)时成书"说;李俨的"原始的《九章算术》至少和《周髀算经》同时成书"说;李迪的"莽新时刘歆所完成"说;钱宝琮等的"东汉初期或公元1世纪成书"说;杜石然、梅荣照的"东汉中期成书"说;沈康身的"秦汉500年陆续完成"说。

《九章》一书主要总结生产和生活实践中产生的数学知识和计算技能。它按问题性质和解法将246个问题分为九大类(即九章),每大类又分为几小类,每一小类都有一般解题步骤,所有步骤都是着眼于算法,而未说明理由。各小类之间也没有明显的逻辑联系,但在排列上合乎由简到繁的次序。各章要解决的问题是:"方田",以御田畴界域;"粟米",以御交质变易;"衰分",以御贵贱禀税;"少广",以御积幂方圆;"商功"以御工程积实;"均输",以御远近劳费;"盈不足",以御隐杂互见;"方程",以御错糅正负;"勾股",以御高深广远。

由于《九章》在每道题后只给出答案,大部分没有计算过程和演草,给后人学习研究增加了困难。鉴于这种情况,魏晋时代的刘徽"为之作注",不仅使《九章》始有定本,更弥补了《九章》的理论缺陷,为建立具有独特风格的古代数学理论体系打下了坚实的基础。

《九章》方程章已建立了较为完整的正负数加减运算法则,这是世界上的首创。对正负数的乘除法则,虽没有像正负数的加减法则那样明确地归纳出来,但在实际运算中《九章算术》已有所认识并加以应用了。仅以方程章第8问"买卖牛羊豕"为例,题云:"今有卖牛二、羊五,以买十三豕,有余钱一千。卖牛三、豕三,以买九羊,钱适足。卖羊六、豕八,以买五牛,钱不足六百,间牛羊家价格各几何?"术曰:"如方程,置牛二羊五正,豕一十三负,余钱数正;次牛三正,羊九负,豕三正;次牛五负,羊六正,豕八正,不足钱负。以正负术入之。"列成矩阵形式为:

–5	3	2	牛
6	–9	5	羊
8	3	–13	家
–600	0	1000	余钱
（左）	（中）	（右）	

按刘徽的注说，运算实是这样进行的:“先令牛二遍乘中行，而以右行直除之,是终于下实虚缺矣。”用 2 乘中行各数(3,– 9, 3, 0)时必然会有– 9×2=–18 这一运算,否则就得不出最后结果。显然这里应用了正数乘负数的法则。

古巴比伦人开平方立方时采用的是数表，直到公元 4 世纪末,亚历山大的西翁在给托勒密的《至大论》作注时才给出几个开平方的例子,才有开平方的说法。对于开立方,西方直到 13 世纪才由斐波那契得出一个三次方程的数值解,一般三次方程的代数解法直到 16 世纪才在意大利出现。

《九章》中的“开方术”“开立方术”是我国古代高次代数方程数值解理论发展的基础。书中开方法有四个特点:“议”与相应的商有别;一组“等”是由被开方数决定的某一组 10 的幂;采用“超等定位法”为诸“法”定位;开之不尽时以商的趋向命名不尽平(立)方根。这种开方法具有几何直观的优点,缺点是距代数化较远。后来《孙子算经》克服了有关缺点,朝开方的代数化迈出了重要一步。

《九章》商功章第 17 题给出了羡除(隧道)形的体积公式。西方直到 A.M.勒让德 (Legendre,1752—1833)才总结出相同公式。

《九章》方程章有“五家共井”问题,涉及由 6 个未知数、5 个方程构成的不定方程组的解法问题。书中附有答案,说明已经能解决这类不定方程问题。可惜只给出了一组答案,刘徽给出了另一组解,补上了《九章》的不足。西方把最早研究不定方程的功绩归于希腊数学家丢番图,但《九章》比丢番图早了近 200 年。

《九章》记载比例问题极为完善,在“粟米”章专门讨论。“均输”章第 10、27、28 题是连比例问题,还设有专章(衰分章)研究分配比例问题。西方数学史将正比例、反比例合称为“三率法”,认为此法肇源印度, 显然不妥。印度著作《丽罗娃祇》(Bhaskara) 1150 年才问世,且只有复比例问题,无连比例问题。

“盈不足”章第 16 问明确记载着玉、石的比重,并将其用于玉石混合体的计算。说明《九章》对黄金玉石的比重记载是最早的,《孙子算经》中的比重记载晚于《九章》。而且按照“少广”章第 24 问后的刘徽注:“黄金方寸,重十六两。金丸径寸,重九两。率生于此,未曾验也。”说明当时人已经用黄金的比重来计算金丸的重量。

《九章》谈到测量问题时共用三种办法:立表法、连索法、参直法。后来的《海岛算经》就应用了立表法和连索法解决河宽问题。古代西方的测量术只限于一望(用一根已知长度的杆子,通过同时测量杆影和金字塔影之长求金字塔高），直到1530年数学书上才有测井深的插图，这与立表法相仿。

虽然在远古时代的埃及、巴比伦和中国都已产生分数算法，但古埃及人的分数算法是化为单分数进行的，巴比伦人则采用60进分数。西方古代分数表示和计算方法的繁杂，致使欧洲的分数理论长期停滞不前，直到15世纪以后当他们采用阿拉伯数字后才逐渐形成现代的分数算法。《九章》是世界上系统地叙述分数算法的最早著作，已有成熟的理论。合分术说“实如法而一。不满法者，以法命之”。这是说用被除数除以除数时，如不能除尽，便定义了一个分数。这说明，《九章》中分数概念的引入是对原始朴素的分数概念的自然发展。约分术中还给出了分数的基本性质。合分术、减分术中给出了通分的具体办法。“方田”章第6题说：“有九十一分之四十九，问约之得几何？”为此给出的约分方法是“可半者半之，不可半者，副置分母、子之数，以少减多，更相减损，求其等也。以等数约之。”这种约分的“更相减损法”比现代小学生学的“辗转相除法”还要优越，尤其在求几个数的最大公约数时这种方法比两两求最大公约数，再求所得两数的最大公约数更为便捷。此外，平分术还给出了求几个已知分数的平均值的方法，课分术给出了比较分数大小的方法，合分术、减分术、乘分术、经分术中分别给出了分数的加减乘除四则运算法则。

《九章》中的“粟米之法”为我国最早的系统叙述的比率算法。

和现代比例算法比较，我国古代的比率理论具有高度的概括力。它的演算已不仅是数字的运算，更多的是率的总体的变换。它以极少的几个基本法则(齐同、今有、衰分)概括了全部理论，可对各种各样的比例问题作出统一处理。古算家由于将率的理论作为一切线性问题的理论基础，盈不足术、方程术中所涉及的线性方程问题也都采用率的概念描述，同时用“齐同术”的方法与思想作为解法的依据。这样，抓住了比率这个纲，许多问题可迎刃而解。所以，古代比率理论有力地促进了古代数学的发展。

《九章》以算为主、形数结合的完整体系的形成是与周秦以来中算理论与实际应用密切结合的特征分不开的。《九章》的全部理论是以寻求各种应用问题的普遍解法为中心课题，这与古希腊欧氏几何追求逻辑的完美形成了鲜明对比。

《九章》对中国数学发展的影响是多方面的。《九章》长期成为传播数学知识的教材。有许多人从小时候就开始按《九章》的内容学习，刘徽注中也提到他“幼习九章，长再详览”。隋唐时开始建立国立学校，设有算学科，《九章》就是教科书之一。考试时从各教科书中出的题目多寡不一，除《缀术》为 6 条外，《九章》与《辑古算经》各出 3 条。当北宋中期《缀术》失传后，《九章》就成了最重要的教科书。可以说从汉到元，我国学习数学的人恐怕没有不学习《九章》的。许多人通过对《九章》的学习研究取得了重要成就，如刘徽的成就是通过注解《九章》取得的，有些注文本身就是出色的论文,祖冲之父子的成就是在钻研《九章》的基础上前进一大步的。贾宪“增乘开方法”的创立是在掌握了《九章》以来有关传统解方程方法的基础上取得的,清中叶的焦循研究《九章》在算术方面取得成就,李锐也在同样情况下在代数方面提出了新见解。

在体例方面,《九章》以后的许多数学书大都按《九章》的格式编写。在十部算经里除周髀、五经算术外,其他各书的体例悉从于《九章》的体例,唐王孝通的《辑古算经》就是直接受《九章》的启发才编写的。王孝通自述道:“伏寻九章商功篇有平地役功受袤之术……遂于平地之余,续狭斜之法,凡二十术,名曰辑古。”公元1261年荣棨在《详解九章算法》序中说:“九章为算经之首,盖犹儒者之六经,医家之难素,兵法之孙子欤。后世学者,有倚其门墙,瞻其步趋,或得一二者,以能自成一家之书。”直到18世纪孔继涵还说:“《算经十书》各经皆羽翼《周髀》《九章》者也……而胥不能稍出《九章》之范围焉。”(《算经十书·序》)

《九章》对世界数学界也产生了广泛深远的影响,它特有的表示分数的方法4世纪传到了印度,之后又出现在Bramagupta(628年)和Māhavila(约850年)以及其后的一些印度数学家的著作中。在阿拉伯,这种表示分数的方法也出现在aL- Kowārizmi的著作中,15世纪阿拉伯数学家aL-Kashi的《算术之钥》也使用了同样的表示方法。

远藤利贞曾把日本数学史分为5期,其中第二期(约公元

554–1623年）长达1000余年，他称之为“九章时期”。至迟在隋代，《九章》已传入日本。公元702年，日本设立学校，采用中国的制度和教科书讲授数学，其中就包括《九章》。他们在考试中规定，算学生“若落《九章》，虽通六犹为不第”。由于《九章》的影响，直到关孝和（1642–1708年）时代日本数学著作的体例都与《九章》相仿。

7世纪、8世纪时《九章》已成为朝鲜重要的数学教科书，直到14世纪，《九章》一直都是朝鲜算学生的必读之书。

1928年10月，青年数学家章用（1911–1939年）路过河内，在博物馆内发现越南的几种数学书都冠以“九章”二字，如范有僵的《九章立成并法》，1743年完成。这表明《九章》对越南数学发展起过很大作用。

李约瑟认为，《九章》可能是所有中国数学著作中影响最大的一部。吴文俊认为：“《九章》足可与古希腊的欧几里德的《几何原本》东西辉映，各具特色。”

《九章》在唐代已经有几个基本一致又有若干细致差别的抄本。北宋元丰七年（1084年）秘书省木刻《算经十书》中有刘徽、李淳风注释本《九章》；南宋嘉定六年（1213年）有鲍澣之在汀州的翻刻本；明代《永乐大典》（1043–1048年）抄录了《九章算术》全文；清乾隆三十八年（1773年）编《四库全书》时从《永乐大典》中抄出《九章》，次年在武英殿排印聚珍本，是后来商务印书馆选入《丛书集成》（1936年）的蓝本；戴震有校勘本，后为孔继涵刊微波榭《算经十书》时采用,1929 年商务印书馆出《四部丛刊》、1930 年出《万有文库》时都据戴震校勘本翻印。1963 年有钱宝琮校点本(中华书局出版)。

(宋子良)

《伤寒论》张仲景

《伤寒论》,中医经典著作,系张仲景《伤寒杂病论》的一部分,约成书于公元200年左右。《伤寒杂病论》至晋时已有散佚,经(晋)王叔和整理,后又经(北宋)林亿等人校订而成。现存最早刊本有两种,一是明代赵开美复刻镌治平本《伤寒论》,简称"宋本";另一种是金人成无已的《注解伤寒论》,简称"成本"。

张仲景,名机,东汉杰出医学家,南阳郡涅阳(今河南省邓县)人。《伤寒杂病论》自序称"汉长沙守南阳张机著",张仲景可能曾任长沙太守。但有人考证长沙太守中并无"张机"之名。张仲景学医于同郡张伯祖,医疗技术非常高明,晋代医家皇甫谧在《针灸甲乙经》序中,记述了张仲景运用精湛的望诊,指出青年文学家王粲患有麻疯病的事迹。皇甫谧为此而赞叹道:"虽扁鹊、仓公无以加也!"张仲景治学严谨,重视前人治学经验,以《内经》等医籍理论为基础,结合个人心得,著成《伤寒杂病论》,充实发展了《内经》的热病学说。为中医学辨证论治奠定了基础,后世称之为"医圣"。

所谓伤寒,涵义有二:一是广义的,即《内经》所说:"夫热病者，皆伤寒之类也。”代表一切外感病的通称；二是狭义的，指外感寒邪，感而即发的疾病，即《难经》所说“伤寒有五：有中风，有伤寒，有湿温，有温病，有热病。”其中第二种即狭义伤寒。《伤寒论》主要论述广义伤寒。

《伤寒论》全书共 10 卷 22 篇，113 方，应用药物 82 种。《伤寒论》以六经（太阳、阳明、少阳、太阴、少阴、厥阴）辨证为纲，对伤寒阶段的辨脉审证大法和立方用药规律，以条文形式作了全面论述。第一卷分“辨脉法”和“平脉法”两篇。前者主要论述伤寒论的脉、证及预后，后者则以讨论内伤杂病之脉证为主。第二卷分“伤寒例”“辨痓温篇暍病脉证并治”“辨太阳病脉证并治法上”三篇，主要论述了伤寒病的病因、发病机理、传变与温、暑诸病的分辨等。第三卷至第六卷共七篇，主要论述六经病脉、证及治疗。第七至第十卷共十篇，除霍乱、阴阳易、差后劳复病外，还从正、反两方面论述伤寒病的可汗不可汗、可吐不可吐等治法。

后世注家认为“辨脉”“平脉”“伤寒例”三篇的文辞与六诸篇不符，而后“可与不可”八篇中的条文多数都是太阳诸篇中条文的复出，故此十一篇恐非仲景之笔，疑为王叔和所增。且“辨痓湿暍”篇杂病范畴，已收入《金匮要略》，故明代方中行治伤寒学倡言错简重订后，多将以上部分裁而不录。因此，目前流行的《伤寒论》多是自“太阳病脉证”至“阴阳易差后劳复”十篇，其他篇章常删而不录。

《伤寒论》是一部论治外感热病的专著，言简意赅，辨证严谨，治法灵活多变，制方用药少而精，故被历代医家推崇为“经典”。其突出贡献在于运用《素问·热论》的理论，博采众方，并结合自己临床经验，首创了对伤寒病的六经辨证方法，对外感热病的发生、发展、预后、治疗等进行了精辟的阐发。沿用《内经》六经之名，而将外感疾病所表现的具有规律的各种症候，归纳为太阳、阳明、少阳、太阴、少阴、厥阴，六经病证，每经结合阴阳、表里、寒热、虚实，以条文形式对各证分别进行辨证论治，既有“同病异治”，又有“异病同治”，确立了祖国医学严谨的治疗规范。可以说，本书是我国第一部理论和实践相结合，理、法、方、药融为一体的临床医学巨著。它奠定了医学辨证论治的原则。实践证明，伤寒论辨证论治的原则不仅适用于伤寒论，而且对中医各科临床均有指导意义。《伤寒论》治法中，汗、吐、下、和、温、清、消、补八法基本俱全，为历代医家制方遣药之楷模。如治太阳病的麻黄汤、桂枝汤，治阳明病的三承气汤及白虎汤，和解少阳的小柴胡汤，温中的理中汤，回阳的四逆汤，治心下痞的诸泻心汤，治脉结代、心动悸的炙甘草汤，治蛔厥的乌梅丸等都是临床上广为应用、经久不衰的有效方剂。故仲景又有“方书之祖”之盛誉。

自《伤寒论》问世后，历代医学研究、注释、整理、发挥者约有800多家，形成了中国医学史上的伤寒学派。

伤寒病在古代曾一度严重流行。张仲景在《伤寒论》序文中说

"余宗族素多，向余二百。建安纪年以来，犹未十稔，其死之者，三分有二，伤寒十居其七。"因此，在两汉隋唐之际，研究伤寒病的颇不乏人，独《伤寒论》为当时名医所推崇。李濂《医史·张仲景补传》说："华佗读而善之曰：此真活人书也！"唐孙思邈亦说："江南诸师秘张仲景要方不传。"从现存文献看来，自王叔和著《脉经》起，便开始对仲景的《伤寒论》进行研究了。但是由于当时历史条件的限制，《伤寒论》的流传并不广泛，孙思邈直到晚年，在著《千金翼方》的时候，才见到《伤寒论》，叹为神功，并结集论中要妙，用"方证同条，比类相附"的研究方法，单独构成两卷，实于《翼方》里，成为唐代仅有的研究《伤寒论》的著作。

宋金时期，研究《伤寒论》的风气逐渐兴起，而以成无已为首倡。成无已治《伤寒论》有其特点：以仲景《自序》之言"撰用《素问》《九卷》《八十一难》"为根据探讨仲景思想的来源。例如若发汗已，身灼热者，名曰风湿……若被下者，小便不利，直视失溲。"无已解释说："若被下者，则伤脏气太阳膀胱经也。《内经》曰：'膀胱不利为癃，不约为遗溺。'癃者，小便不利也。太阳之脉起目内眦，《内经》曰：'瞳子高者，太阳不足；戴眼者，太阳已绝。'小便不利，直视失溲，为天下后竭津液，损脏气。"两说俱出《素问》，一见于《宣明五气篇》，一见于《三部九候论》。可见成无已不仅是注《伤寒论》的首创者，亦是研究仲景学说比较精深的一位代表人物。

朱肱用综合分析的方法研究《伤寒论》，颇为世所推重。其特点有:(1)首先明确《伤寒论》六经,就是足三阴三阳六条经络。(2)重视切脉。(3)突出表里阴阳的辨证。(4)强调治法的施用。他对发热、恶寒、咳、喘、呕、吐、烦、疼、痞、泻、秘、利、发黄、发斑、发狂等,无一不当细为分辨,各详其证候而治之。朱肱这种综合分析的方法,深得徐大椿的赞许。他说:“宋人之书,能发明《伤寒论》,使人有所执持而易晓,大有助于仲景者,‘活人书’为第一。”

庞安时治《伤寒论》的要点有二:首先他认为伤寒病虽有中风、风温、温病、著病、湿病等的区分,但由于受到冬令寒毒的伤害,是最根本的。其次是着意发明温热病,安常在《上苏子瞻端明辨伤寒论书》中说:“四种温病败坏之候,自王叔和后,鲜有明然详辨者,故医家一例作伤寒,行汗下,天下枉死者过半,信不虚矣。”

许叔微对于《伤寒论》的研究着重于八纲的发挥。明阳表里寒热虚实八者之中,他认为尤应以阴阳为纲。阴阳不辨,便无法进一步分析表里寒热虚实。例如:三阳为阳,而阳热之证莫盛于阳明;三阴为阴,而阳寒之证莫盛于少阳。故云:“发热恶寒发于阳,无热恶寒自阴出;阳盛热多内外热,白虎相当并竹叶;阴盛寒湿脉沉弦,四逆理中最为捷;热邪入胃结成毒,大小承气宜疏泄。”所著《伤寒发微论》选列七十二证,广泛地引用扁鹊、华佗、孙思邈诸人的学说作为印证,以说明《伤寒论》在历史上所起的承先启后的作用。

郭雍研究《伤寒论》,每折衷于朱肱、庞安时、常器之三家之间，朱、庞的书均传于世，惟常器之论著不传，仅散见于郭雍书中，甚足珍惜。雍于《伤寒论》的研究，多于极平凡处见其精细。例如太阳病的有汗无汗之症，一般均以表虚表实言之，少有究其所以然者。独雍为之分析说："太阳一经何其或有汗无汗也？曰：系乎荣卫之气也。荣行脉中，卫行脉外，亦内外和谐而后可汗也。风邪之气中浅则中卫，中卫则卫强，卫强不与营相属，其慓悍之气随空隙而外出，则为汗也。故有汗者，卫气迂毛孔而出者也。寒邪中深，则涉卫中荣，二气俱受病，无一强一弱之证，寒邪营卫相结而不行，则卫气无自而出，必用药发其汗，然后邪去而荣卫复通。故虽一经，有有汗无汗之证，亦有桂枝解表麻黄发汗之治法不同也。"雍立此说，则《伤寒论》"卫气不共荣气和谐"的理论，可以了然了。郭雍对厥病的发挥亦最为突出，其论点有三：(1)凡逆皆为厥，却有寒热之分。(2)伤寒之厥，乃毒气并于阴经和阳经所致，与阴阳正气偏胜而厥者不同。(3)空厥者因为手足厥冷，热厥者，手足却如炭火炮烙，或入汤中。并从《素问》中提出理论根据来。他说："寒热二厥之论始于何时？曰：始于《素问》。岐伯曰：'阳气衰于下，则为空厥，阴气衰于下，则为热厥。故阻气胜则足下热，阴气胜则从五指至膝上寒也。'"历代医家多以伤寒之厥，无论为寒为热，其症都见于手足厥冷，故都不以《素问》热厥之理释之，郭雍独倡此说，确有创见。

明代以后，从明代方有执侈言《伤寒》的错简开始，便启后来各个流派之端。各流派之中，以错简重订，维护旧论，辨证论治诸家为最著。

1. 错简重订 方有执倡于前，喻昌续其后，张璐、吴仪洛、程应施、章楠、周杨俊、黄元御竟相继和之，攻击王叔和，驳斥成无已，削去《伤寒例》，置《平脉》《辨脉》于大论之末，以风伤于卫，寒伤于营，风寒两伤营卫为纲，加以订正，自此三纲鼎立之说颇为盛行。

2. 维护旧论 此派尊王叔和，赞成无已。张遂辰倡于前，张志聪、张锡驹、陈念祖继之于后，认为《伤寒论》传本至为完整，不可随意妄加改订，并逐条汇节分章进行研究，谓《伤寒论》辨证诸法，不独治伤寒，亦可治杂病。

3. 辨证论治 《伤寒论》是辨证论治的大经大法张本，因而有些治《伤寒论》的学者，且不论孰为张仲景的旧论，孰为王叔和所纂集，只要有利于辨证论治的运用，对于其真其伪并不在意。主张这一派的学者我们称之为“辨证论治”学派。这一派大体来说，又有三种不同的主张。有以方类证的，柯琴、徐大椿是其代表；有按法类证的，钱璜、尤怡是其代表；有分经审证的，陈念祖、包兴言是其代表。

历代医家对《伤寒论》的研究、注释、整理、发挥，使《伤寒论》得以继承、发扬和推广应用，促进了中国医学体系的形成和发展。

《伤寒论》对世界一些国家，特别是日本、朝鲜、越南和蒙古的医学发展产生过一定的作用。日本的川越正淑在《伤寒用药研究》

中说:“伤寒之于论也,辞简旨深,唯标其要语耳矣。疾病之与人语,本末主客,轻重变化,入机而出机,岂尽之于笔舌之间哉,将使读者沉研感剖,思而得之也。”

(盛国光)

《文心雕龙》 刘勰

刘勰，字彦和。原籍东莞莒县(今山东莒县)，大约生于刘宋泰始元年(公元 465 年)，卒于梁武帝普通二年(公元 521 年)前后，历经宋、齐、梁三朝。所著《文心雕龙》成书于齐。

永嘉之乱时，他的祖父一代追随东晋王朝至南方，“世居京口”(今江苏镇江)，刘勰就在这里出生和长大。《南史》和《梁书》都有他的本传，但很简略，只能观见他经历的一个大概轮廓，关于他的身世和学术活动，则没有更多的资料可供查考。就现有的资料来看，可知他出生于一个没落的贵族家庭，据传其先祖是汉宗室贵族，祖父灵真是宋司空刘秀之的弟弟；他的父亲名叫刘尚，官至越骑校尉，在刘勰还很小的时候就离世了。此后，刘勰家道日趋困窘。《刘勰》传中说他“家贫不婚娶”。把不婚娶完全归结为“家贫”，这种说法未免太夸张，但有一点可以肯定，他属于地主贵族中的清贫一族。他在 20 岁出头的时候，就到定林寺去“依沙门僧祐”生活，也与家境贫寒有关，但更重要的一点还是佛儒思想对他的影响。当时的社会是一个佛儒盛行并且合炉共冶倾向很普遍的时代,唐代诗人杜牧在其诗作《江南春》中,对那种社会风气就有很真实而形象的描写:“南朝四百八十寺,多少楼台烟雨中。”由此可知,当时寺庙之多。刘勰出家的钟山上的定林寺,就是那四百八十寺中名列前茅的寺庙。可以说,这种社会风气和现象对刘勰的人生观和文学理论、文学思想的形成,都有很大的影响,他的不婚娶,与信奉佛儒有更直接的关系。

尽管刘勰家道没落、家境贫寒,但作为贵族地主阶层的后裔,他从小还是有机会受到良好的文化教育的。到定林寺依僧祐寄居后,他在那一住就是十多年。当时,定林寺是很有名的大佛寺,僧祐是有名的和尚,对《三藏经》《法苑记》《世界记》《释迦谱》及《弘明集》等进行了大规模的搜集整理和研究工作,而刘勰在这项工作中起了很大的作用。刘勰的本传中说:“今定林寺经藏,勰所定也。”由于刘勰自幼就“笃志好学”,又在定林寺中潜心研读佛经十余年,所以,他不但“博通经论” (对诸子百家、诗骚辞赋都进行过深入研究),而且还“长于佛理”(对佛教著作、儒学经典,也深明其义)。他在这方面尚存的最有名的著作就有《灭惑论》和《剡县石城寺弥勒石像碑铭》两篇。其实,由于他长于佛理,又博通经论,当时许多有名的碑铭都是他撰写的。史称刘勰“为文长于佛理,京师寺塔及名僧碑志,必请勰制文”。刘勰最终写成《文心雕龙》这部内容宏富、析理缜密的文学理论巨著,与他渊博的学识和丰富的写作经验是分不开的。

刘勰离开定林寺出仕时，已年近40了(大概在公元503年前后)。他的出仕与当时一代文宗沈约的竭力推荐和引见不无关系。他先出任“奉朝请”(这是属于特邀列席之类的人员，没有实际职务。《宋书·百官志》:“奉朝请，无员，亦不为官……奉朝会请召而已。”)，后来才正式出任中军临川王萧宏的记室，历任车骑仓曹参军，太末(今浙江衢县)令，后又任仁威南康王萧绩记室兼东宫通事舍人等职(通事舍人是“掌呈奏案章”的文职官员，实际地位并不高)。到天监十八年左右，刘勰奉梁武帝之命又一次到定林寺参加“撰经”，编成《众经要抄》。事毕，请求出家，自燔鬓发，改名慧地，不到一年就去世了，这时大约是梁武帝普通二年(公元521年)。

《文心雕龙》大约成书于齐和帝中兴元年至二年(公元501—502年)之间，即刘勰在定林寺寄居的最后一段时间里。刘勰写作《文心雕龙》的主观目的，就是要大力宣传文学的社会作用，力图通过文学去改变社会现实，使社会回复到所谓“先王圣化”的轨道上去，建立起他所追求的“君臣炳焕”“军国昭明”那样一种理想的封建社会秩序；再就是对当时盛行于文坛的形式主义文风非常不满，希望以儒家思想为出发点统领文学。在《文心雕龙》的写作中，自始至终贯穿着这一目的。刘勰结合有关文学理论的阐述，抒发了自己的政治观点，并对历代腐朽的政治和黑暗的社会现实，给予了激烈的批判和抨击。

《文心雕龙》的写作，客观上与当时的社会时尚、人们的理想追求不无关系。魏晋时期，人们对文学的认识进一步明确了，文学的种类和体裁也更加丰富了。文学理论和文学批评得到进一步发展，产生了许多专著，文艺领域出现了空前繁荣的局面。这些为刘勰文学批评专著的写作，提供了必要的准备条件。《文心雕龙》即是在总结前人创作和理论成果、概括历代各种文学现象的基础上写成的。对这一点，刘勰在《序志》篇中有简明扼要的评述：

“详观近代之论文者多矣！至于魏文述典，陈思序书，应玚文论，陆机《文赋》，仲洽《流别》，弘范《翰林》，各照隅隙，鲜观衢路。或臧否当时之才，或铨品前修之文，或泛举雅俗之旨，或撮题篇章之意。魏典密而不周，陈书辩而无当，应论华而疏略，陆赋巧而碎乱，《流别》精而少巧，《翰林》浅而寡要。”

刘勰认为，前人文学理论的主要缺点是“各照隅隙，鲜观衢路”，零星片面，极欠完整，对各种文学现象不能从根本上去研究，不能建立一个完整的理论体系。所以，立志写一部“弥纶群言”、博大精深的文学理论专著，去探讨为文之用心。

《文心雕龙》是我国卓越的文学理论巨著，它系统地总结了我国历代文学理论研究的成果，建立了较完整的理论体系；它以儒家思想为出发点，确立了文学的基本原则：认为“道”是文学的本源。“圣人”是文人学习的楷模，“经书”是文章的典范；把作家创作个性的形成归结为“才”“气”“学”“习”四个方面，提出了许多深刻而独到的见解，对后代的文学创作、文学理论、文学批评和文学史的研究，产生了深远的影响。

刘勰对孔子以来的文学理论作了系统的总结，并进行了全面发展。其理论中的“明道”“征圣”“宗经”思想；对文学“文”与“质”的关系的论述；对诗、赋的评论等，在很多论点上，都从前人的遗产中吸取了营养和精华，并进行了发展和创造。

《文心雕龙》全书约37000余字，共50篇。分开来每篇都可独立成文，合起来各篇之间又紧密相联，形成了一个较为严整的理论体系；全书又可分上、下两编：上编论述文学的基本原则和各种文体的源流演变，下编为创作论、批评论和统摄全书的序。就《文心雕龙》篇目的编排及其内容来看，大致可分成如下几部分：

第一部分主要是《原道》《征圣》《宗经》3篇；《正纬》和《辨骚》2篇是头三篇的附录。开宗明义地阐述了刘勰的世界观及其文学理论的基本思想，是刘勰文学理论的总纲。

第二部分是专论文体的。从《明诗》到《书记》共20篇，涉及30几种文体，大致可分为三大类：韵文、散文和散韵相间的杂文。对每种文体，刘勰都从以下四个方面作了分析研究：第一，探索各种文体的源流演变和来龙去脉；第二，给各种文体下简明扼要的定义，并阐明该文体的实质；第三，选一些有代表性的作家、作品做例子，进行分析研究；第四，对每一种文体的基本特征和写作要领作扼要的说明。

第三部分是关于文学的一些基本原理和创作理论的，也是

《文心雕龙》中最有价值的部分，包括从《神思》到《总术》共 19 篇。从《神思》到《情采》六篇，研究了文学创作的构思、风格、内容和形式的关系问题；从《熔裁》到《总述》共 13 篇，讨论了有关创作过程和表现手法的各种问题：如作品主题的确定、题材的选择和裁剪，组织结构和谋篇布局的方法，夸张、形容和比、兴等表现手法及语言文字的锤炼，声律和对偶在文学创作中的作用等，作了深刻的分析和细致研究，提出了不少具有代表性的精辟见解。

第四部分为《时序》和《物色》篇。阐明了文学创作和现实生活的密切关系，论述了社会环境、时代变化对文学发展的制约作用，提出了“情以物迁”“辞以情发”和“文变染乎世情，兴废系乎时序”等著名论断。将这两篇和《通变》等篇联系起来，可以观见刘勰的文学史观。

第五部分是文学批评论，包括《才略》《知音》《程器》三篇。分别从作家、作品及文学批评理论等方面，作了较为集中的论述。在文学批评中，刘勰总结了王充、曹丕等人的见解，反对“贵古贱今”“崇己抑人”“向声背实”等偏颇的文学观，要求做到“平理若衡”“照辞如镜”，并提出了文学批评的具体标准，要求提高批评家的文学素养和鉴赏能力。

第六部分即最后一篇《序志》，其实它是全书的序论。这篇文章不仅说明了作者写作《文心雕龙》的动机和目的，而且概括地介绍了全书的主要内容，明确交待了写作《文心雕龙》所遵循的一些基本原则和方法。

《文心雕龙》是中国5世纪末一部杰出的文学理论巨著；是中国古典文学理论宝库中的明珠；它在中国文学发展史上第一次建立了中国式的文学理论体系，全面分析了文学理论的基本问题，是中国文学自觉时代的最大理论成果；是一部从世界本体出发，全面、系统、逻辑地研究文学的特质和规律的艺术哲学著作。

《文心雕龙》是对齐代以前文学批评理论的一次大型总结，同时也是对齐代以前文学思潮和文学创作实践经验的一次系统探讨，是先秦以来文学批评理论不断发展而出现的一部杰作，也是批评魏晋以后文学上的务华弃实、脱离生活、雕琢文辞、繁采寡情的形式主义和轻靡文风的必然产物，在中国古代文学理论和文学批评发展史上，有着极其重要的地位。它不但较全面地总结了前人的文学创作经验及文学理论的研究成果，而且广泛探讨了文章载体、写作方法和艺术技巧等问题，严谨地评价了一些代表性作家和作品，提出了前人所未道及的许多新观点、新思想、新见解。如：认为文章是客观现实的反映、在创作过程中又渗透了作家的主观情感等。刘勰在《物色》篇中强调“岁有其物，物有其容；情以物迁，辞以情发”，在《时序》中指出：“文变染乎世情，兴废系乎时序”，这些观点都大大丰富了中国古代文学理论的内容，并对中国古典现实主义文学的发展，起了积极的促进作用。

《文心雕龙》还系统地论述了文学的形式和内容、继承与革新的关系,又在探索研究文学创作构思的过程时,强调指出了艺术思维活动要具体形象这一基本特征,并初步提出了艺术创作中的形象思维问题。对文学的艺术本质及其特征有较自觉的认识,并不乏真知灼见,这是前所未有的成绩,开创了研究文学的形象思维的先河。因此,《文心雕龙》的出现,标志着中国古代文艺理论发展到了一个崭新的高度,在文艺理论批评史上起了承先启后的作用。

尤其值得注意的是,刘勰的文学理论不是零碎的、散乱的。尽管《文心雕龙》论述的问题很多,内容很丰富,涉及面极广,但彼此间却能紧密相联,形成较严密的理论体系,这是刘勰在中国古代文学理论发展史上的一大贡献。从零散、局部到完整、严密是质的变化,《文心雕龙》的篇目安排、各篇间的内在联系以及理论上的相互照应,都充分说明了这一点。

清人章学诚在《文史通义·诗话》中评价《文心雕龙》"体大而虑周",这是不无道理和依据的。鲁迅先生认为:"篇章既富,评骘遂生,东则有刘彦和之《文心》,西则有亚里士多德之《诗学》。解析神质,包举洪纤,开源发流,为世楷模。"将《文心雕龙》与《诗学》相提并论,极力推举,可见它对中国和世界文学理论发展史影响的巨大和深远。

从古至今,研究《文心雕龙》的著作可谓汗牛充栋。一代国学大师黄侃的《文心雕龙札记》、史学家范文澜的《文心雕龙注》等都是极重要的专著，对后世研究者影响极大。现在仍时有研究文章见诸报刊杂志，许多著名高等学府都开有《文心雕龙》选修课，而且对它的研究日益广泛深入。

当然，由于时代和阶级的局限，刘勰在《文心雕龙》中不可能建立起充分科学的文学理论体系，对文学理论中的许多根本问题也不可能作出完全科学的论断(如：过分推崇"圣人"在文学发展中的作用，过分强调文学创作要以"圣人"为榜样、以经书为范本，把"征圣""宗经"作为克服文学形式主义的灵丹妙药等)，再加上他以艰深的骈文说理，行文中多取形象的比喻而句式特殊，即使对古文有深厚基础的前辈学者，在研读中也常对某些字句疑而难定，一般读者要完全读懂就更不易了。尽管刘勰依据其深厚的文学功底，将声律、对仗、用典等写作手法用得完美无缺，但现代读者读起来却很费力气。这给《文心雕龙》的广大读者造成了一定的障碍，也给它的研究者带来了诸多不便。

(陈东华)

《齐民要术》贾思勰

现存最早的一部面貌完整的百科全书式农书。作者贾思勰，古代史籍上无传，其生卒年月、详细身世、经历难于考察。《齐民要术》(以下简称《要术》)卷首书有“后魏高阳太守贾思勰传”字样，北魏时期的高阳郡有两个地方，一为瀛洲，位于今河北省高阳一带；一为青州的高阳郡，今山东临淄西北。贾氏是在哪一个高阳郡任太守，已难于考证。

《要术》约写作于公元533—544年之间。书中“种谷第三”提到西兖州刺史刘仁之，《魏书》卷81有刘仁之传，讲他是洛阳人，北魏永熙元年(公元532年)为著作郎兼中书令，因用非所长，不久便改任西兖州刺史，东魏武定二年(544年)卒于西兖州任上。《要术》既然称刘仁之为“西兖州刺史”，其成书当在533—544年之间。

贾思勰生活于北魏政权由盛而衰的时期，他相信“食为政首”和“安民之本，在于足用”，很希望能通过振兴农业恢复昔日的繁荣。他“采捃经传，爰及歌谣，询之老成，验之行事”，立志对农业科学技术进行总结提高。

《要术》书中记载的粟的最低亩产量为2石，前汉的亩产只有1石。两个时代产量上的差异当是技术水平发展的证明。首先农业生产工具种类增多：按《管子》记载，前汉只有耜、铫、镰、耨、椎、铚，而后魏整地工具、播种工具、中耕工具、灌溉工具、收获储藏工具、运输工具都一应俱全。从整地农具看，《前汉书》只有"秉耒抱锸"或"蹠耒"之类的记载，后魏时有了犁、铁齿漏楱、劳、陆轴、锋、锹等。从耕作效率看，《汉书·食货志》记载一个五口之家两人服役时，可耕地不过百亩，合今市亩为28亩多，每个劳动力的耕作效率为14亩多；后魏每个劳动力的耕地效率约合60多亩，将近超过汉文帝时期3倍。这些农业技术上的进步为贾氏写作《要术》提供了客观可能性。

《要术》共10卷92篇，约11万多字(正文7万字，注释4万余字)。卷端另有"序"和"杂说"(系后人掺入之作)。全书结构体例一致，每篇由篇题、正文和经传文献组成。篇题下有注文(援引历史文献和亲自调查)，相当于"释名""集解"，包括异名、别名、品种、地方名产、引种来源及其性状特征。正文为实际调查和亲身体验。篇末则援引文献以补充论证正文。书中援引经传180余种，广集民间谚语、歌谣30余条。各卷篇名及篇数为：

卷一，"耕田""收种""种谷" 各一篇，前两篇属栽培总论；卷二，谷、豆、麦、麻、稻、瓜、瓠、芋等粮食作物栽培各论13篇；卷三，

“种葵”(蔬菜栽培总论)1篇、蔓菁等各论12篇;卷四,“园篱”“栽树”(园艺总论)各1篇,枣、桃、李等果树栽培12篇;卷五,栽桑养蚕1篇,榆、白杨、竹以及染料作物10篇,伐木1篇;卷六,畜、禽及养鱼6篇;卷七,货殖、涂瓮各1篇(酿造总论),酿酒4篇;卷八、九,酿造酱、醋,乳醋、食品烹调和储存22篇,煮胶、制墨各1篇;卷十,“五谷果蓏菜茹非中国(北魏疆域以外地区)物产者”1篇。

与先前的农书比较,《要术》有规模庞大、内容丰富的特点。《吕氏春秋·上农》四篇基本上属于栽培总论性质;西汉的《氾胜之书》史称18篇,存者不过3000余字,总结的耕作技术仅限于关中地区,且仅限于种植业。东汉崔寔的《四民月令》虽已涉及农、林、牧、副,但仅重于农事安排,略于技术,只是一部月令性质的农书。只有《齐民要术》所涉及的地区涵盖了今日山西东南部、河北中南部、河南的黄河北岸和山东等地,内容包括农、林、牧、副、渔各方面,是一部名副其实的农业百科全书。

《要术》记载了许多生物变异的内容。对谷物,贾氏注意到,“凡谷成熟有早晚,苗杆有高下,收实有多少,质性有强弱,米味有美恶,粒实有息耗”。成熟期、株高、收实、质性、米味、粒实诸方面的变异都已涉及到。贾氏谈变异,不是仅描述现象,同时也寻找原因。他认为这是由于“土地之异者也”(《要术·种蒜第十九》)。后来沈括的《梦溪笔谈》、元代的《王祯农书》继承的都是贾氏的这一看法，只是沈括使用了“地气然也”，王祯使用了“风土各有所宜”的说法。为对变异进行有意识选择，贾氏第一次提出“种子田”设想(《收种第二》)；对多种动物，《要术》也提出了“择种要求”，认为种羊“当留腊月，正月羊羔为种者上，十一月、二月生者次之”；对于猪，应选“短喙无柔毛者”作为配种用的母猪。

贾氏还最早提出对家蚕采用“混合选择法”进行选种，即“取居簇中者”为蚕种，“近上则丝薄，近地则子不多”(《种桑拓第四十五》)。这种方法简便省事，有时也能在较短的时期内从原有品种中分离出优良的类型。

《要术》注重种植业、养畜业、林业、水产业、加工业间的密切联系，叙述所处疆域兼及境外农产的结构体系，填补了传统农学的空白，为后来农学的发展奠定了良好的基础。从生产过程看，《要术》从开荒到耕种，从生产前的准备到生产后的农产品加工、酿造与利用，都加以有顺序有层次地描述。从大类来看，种植业、林业、畜禽饲养业、水产养殖业都有涉及。内容的先后顺序则依据每项内容在当时农业生产、生活中所占比例和轻重安排，土壤耕作与种子选留列于首位，境外农产置予最后。栽培植物方面，主要禾谷类作物重点叙述，豆、瓜、蔬菜、果树、药用染料、竹木、植桑等也给予应有位置。动物先讲马、牛，后述羊、猪、禽类。这种精心安排和构思为以后许多重要农书所仿效。

《要术》全面完整地总结了以耕——耙——耱为主体、以防旱保墒为中心的旱地耕作技术体系。黄河中下游地区春季干旱多风，能否保墒就成了这一地区农业生产的关键。《要术》对这方面的技术措施进行了总结，比《氾胜之书》大大前进了一步。从整地看，“深耕细耙”久已为旱地农民所掌握，《要术》则又按操作时期与操作先后程序分为深耕与浅耕，即“秋耕欲深，春夏欲浅”“初耕欲深，转地欲浅”，同时以增加耙的次数达到耙细保墒目的。从播种看，《要术》规定了最适宜的播种时间（“上时”）及不同土质、墒情下的播种方式和播种量；从施肥看，《要术》强调施肥可以养地，并根据当时牛少的特点，大力强调绿肥和踏粪的重要性。在中耕除草和田间管理上也有一系列具体措施。《要术》把旱地农耕技术发展到较高水平，千余年来，在近现代农学方法应用以前，世代治农学者很少能在北方旱地农耕技术领域添加重要的新内容。

《氾胜之书》在谈到粟、黍、麦、大豆、小豆、麻六种作物的播种时，总脱离不了雨水，《齐民要术》在谈到这六种作物的播种时却很少强调对雨水的依赖，只是区分为播种的上时、中时、下时，这是指播种时期，不是指这时有没有雨。这说明，《要术》时代的保墒技术已较前汉有了明显的进步，播种时对雨水的依赖程度大大降低。这种进步是由于保墒工作有了相当成功的经验，才有可能摆脱播种对雨水的依赖。

不同时期耕地在深度上有没有区别？《氾胜之书》没有回答，它只是区分了春耕、夏耕、秋耕及各自最适宜的时间。在深度上分别深浅是《要术》首先总结出来的，总结出的结论也是很符合科学道理的。

对犁地的质量提出要求是《要术》首先总结出来的。总的要求是“犁欲廉”，因为犁条狭窄可做到耕得深，耕得细，有利于保墒。

在耙地技术上，《要术》首次总结出了耙地的时间和扭地次数。春耕后应随即耙细，秋耕地应等土壤干得发白时再耙地。这是因为春天多风旱秋天雨水比较多的缘故。对耙地次数，《要术》提出“劳欲再”，即次数越多越好。次数多了，地才熟，又有利于保墒。

《要术》首先从理论上总结出中耕除草的两点好处。一是可使产量增加，质量提高。“种谷第三”说“锄者，非止除草，乃地熟而实多，糠薄米息。锄得十遍，便得八米也。”“种麦第十”也说，“锄麦，倍收，皮薄，面多”。二是可以起到保墒作用，正如“杂说”云“锄头三寸泽”是也。

对轮作方法进行研究是自《要术》开始的。轮作方法产生很早，过去的农书都忽略了对这一方法的研究。《要术》不仅记载了很多作物间前后关系的资料，并首次进行了比较研究，肯定了许多作物间的适宜关系，指出了新的生产方向。贾氏的研究成果如表一所示。由表知，《要术》已总结了 20 多种轮作的方法。尤其该书把豆科作物作为绿肥，代替休闲，纳入轮作制内。

表1 农作物生产中前后作关系比较

作物 \ 前作	上	中	下
谷（粟）	①绿豆 ②小豆 ③瓜	①麻 ②黍 ③胡麻	①芜菁 ②大豆
黍　穄	新开荒地	大豆	谷（粟）
大豆（青茭）	麦		
小豆	①麦 ②谷		
麻	小豆		
麦	黍		
瓜	①小豆 ②晚禾		
蔓　菁	①蔓菁 ②大小麦		
葵	葵		
胡　荽	①新开荒地 ②麦		

注“上”表示关系最好，“中”次之，“下”最差。“青茭”就是青饲料。

中国蔬菜栽培始于很早的年代,《要术》最早记述了许多蔬菜的栽培技术。书中记载的蔬菜品种有瓜(越瓜、胡瓜、冬瓜)、茄子、瓠、芋、葵、蔓菁、芜菁、菘、芦菔、蒜、泽蒜、葱、韭、蜀芥、芸苔、芥子、胡荽、兰香、荏、蓼、薑、蘘荷、芹、蘧、白蘧、堇、胡葸子、苜蓿、白豆、小豆、萵苣等。对每种蔬菜,从整地一直到收获的各环节都作了总结。

我国战国时已认识到天时对农业生产的重要性,《要术》则把作物播种的适宜时间进一步具体化,在“时至而作,竭时而止”的基础上提出了上、中、下时,同时说明了这样做会“用力少而成功多”,如违背了客观规律,就如同“入泉伐木,登山求鱼”和“迎风散水,逆坂走丸”“手必空”“其势难”。

对于如何提高地力,《要术》的见解具世界先进水平。公元6世纪,西欧只知道轮换休耕法恢复地力,而《要术》已经提出了多种提高地力的方法,其中关于轮种、套种的叙述更是精彩。

酒、酱、醋等可能发明很早,但详细严谨揭示其制作过程,以《要术》为最早。

《要术》不仅重视农业生产,而且重视对农业生产、科学技术与经济效益进行综合分析。在栽种蔬菜、瓜果、植树营林、养鱼、酿造等篇,都详细描述了怎样进行多种经营,如何到市场售卖,怎样多层次利用农产品等有关经济效益的内容。在“种榆白杨第四十六”提出幼树隔3—5年间伐作材料出售;种“白杨”一节还算了一笔经济账:1 亩 3 垄,一垄 720 穴, 1 穴屈折插 1 杨枝,两头出土,1 亩可得 4320 株,3 年可为蚕架的横档木,5 年可作屋椽,10 年能充栋梁。以售卖蚕架横档木计算,1 根 5 钱,1 亩岁收 21600 文。一年若种 30 亩, 90 亩地 3 年一轮,可周而复始,永世无穷。可以说《齐民要术》也是一部封建社会农业经营方法的百科全书。

《要术》的价值是多方面的。农史学家称颂其中的旱地农耕作业的精湛技艺和理论概括;经济史学家把它看作封建地主经济的经营指南;食品史学家因从中可以找到古老的配方和食品加工、酿造、烹调、果蔬贮藏的技法,也格外珍视它。

《要术》能取得如此众多的成就是由多方面原因决定的。除了上面谈的经济发展、农业技术进步提供的客观条件外,从贾氏本人的素养看,在历代重农思想的影响下,他对农业生产非常重视,同时对农业科学技术新进展又十分敏感,并注意及时总结归纳。如“种谷第三”录有 97 个粟的品种,其中 86 个是贾氏自己搜集补充进去的。他给著作起的名字正是反映了他对农业生产的积极重视态度,“齐民”即平民,“要术”为从事生产活动重要事项的技术。他著书目的一方面是要劝导政府和官吏重视农业生产,同时也是为了给平民谋求“资生之业”。

贾氏取得成功的另一原因是他注重调查和实地体验。他到过并州(山西太原一带)、朝歌(河南汤阴附近)、壶关(山西)、上党(山西长治)、井陉(河北)等许多地方,济州以西(现在鲁西)的长辕犁不如齐人的尉犁“柔便”，蚕茧用盐杀蛹法比曝晒要好等看法都是他亲自调查研究所得。他亲自养羊200多头，亲自体验稼穑、桑果、畜产等生产实践活动，保证了《要术》具有很强的科学生命力，至今仍具有重要的历史意义。

《要术》自问世以来，产生了广泛而深远的影响。首先书中总结的生产经验为后魏的恢复和发展农业政策奠定了技术基础。后魏以后虽分裂为东西魏，继而又改变为北齐北周，但社会经济制度基本和后魏一样，书中所总结的经验无疑地仍会继续发挥作用。后来北方农业发达，经济基础比南方巩固，又由隋自北方统一了中国，客观地说，《要术》是有贡献的。

公元9世纪，《要术》传入日本，宽平年间(889—897年)藤原佐世的《日本国见在书目》一书中已将其收录。1744年日本山田萝谷称该书所讲“悉皆训农益国之术”。20世纪50年代，日本西山武一、熊代幸雄认为：“即使用现代科学的成就来衡量，在《要术》这样雄浑有力的科学论述前面，人们也不得不折服。”《要术》对西方的影响也是很大的。达尔文从中找到了生物变异的证据。他先后共引证过10部中国古书，其中《要术》是他引证和谈论得最多的。1786年耶稣会士们著《北京耶稣会士们关于中国人历史、科学、技术、风俗、习惯等纪要》一书收录了贾氏对绵羊的研究成果。今大西方学者仍称《要术》“在世界范围内也是卓越的、杰出的、系统完整的农业科学理论与实践的巨著”。《要术》首创的结构体系对后世影响很大,后来的可以与该书规模相比的《农桑辑要》(元代)《王祯农书》(元代)《农政全书》(明代)《授时通考》(清代)四大农书均取法于《要术》,并以书中的精练内容作基本材料。

宋朝天禧四年(1020年)以前,《要术》全靠手抄流传。天禧四年8月26日,利州转运使李昉请颁《四时纂要》与《要术》两书,历时约五六年,至天圣年间才刻完,史称崇文院刻本。这是《要术》的第一个刻印本。栾调甫《齐民要术版本考》称:“要术传刻之本,以宋崇文院校刊为鼻祖,龙舒重梓是其子本,元明翻刻,悉属云仍,而清儒校刊者,则又汲古之嗣续也。”按晚近各家学者看法,《要术》现存于世的版本只有3个祖本,一是崇文院原刻本,二是南宋绍兴本,又称龙舒本,三是明代嘉靖年间的湖湘本,转刻自南宋绍兴本。

(王平)

《茶经》陆羽

世界上最流行的饮料是茶，茶起源于中国，中国第一部茶叶专著是唐代陆羽的《茶经》。

现在要了解陆羽的生平，主要是靠两篇材料：一是《新唐书》中的《陆羽传》，二是《陆文学自传》。后者据说是陆羽自己写的，但是有人怀疑，因为文中有些地方的口气不像自传。

陆羽生于唐朝开元年间，大约在公元 730 年左右。他出身极苦，据《新唐书·陆羽传》记载“不知所生，或言有僧得诸水滨，畜之”。由此看来，他可能是和尚在河边捡的弃婴。《陆文学自传》中则说，他 3 岁时孤苦无依，被智积禅师收养。智积禅师是复州竟陵（今湖北天门）龙盖寺住持，陆羽也当是复州竟陵人氏，所以后来号“竟陵子”。

智积禅师将陆羽抚养长大，并教会他读书写字。陆羽很聪敏，9 岁时就会写文章。他本是智积禅师收养的孤儿，因而原无俗家姓名。稍微年长后，一日他按《周易》给自己占卦，先得《蹇卦》，又演为《渐卦》。相应的卦爻辞是“鸿渐于陆，其羽可用为仪”，因此给自己取名陆羽，字鸿渐，后又字季疵。

陆羽喜读诗书，热爱文学。智积禅师要他诵读佛经，继承衣钵，他没有兴趣，为此师徒经常发生争吵，关系逐渐不和。见陆羽无心读经，智积禅师便惩罚性地经常派他去干杂活，如打扫寺院、牧牛拔草之类。陆羽 13 岁时，寺院要建房，又派陆羽随建筑工人干活，搬砖背瓦，拎水提泥，还经常遭监工打骂。倔强的小陆羽不肯向师父低头，逃离寺院，加入了一个戏班子，演丑角。气得智积禅师大骂陆羽是佛门败类，师徒之情遂断。智积禅师的养育之恩，陆羽是永志不忘的。智积禅师圆寂后，陆羽曾著文遥祭。

也许陆羽确是福大命大，在离开寺院之后不久，幸运之光又一次照耀在他身上。一次，他随戏班去给新从河南尹贬为竟陵太守的李齐物演戏，他的文才和聪敏受到赏识。太守先是赠他诗书，后又送他去天门山中，拜一隐士为师，潜山读书，学问大为长进。后来陆羽成为一方名士，文人学子和达官贵人都争相与之交往。礼部郎中崔国辅被贬为竟州司马后，也很喜欢陆羽，特赠一头白颅乌犎牛给陆羽，供他骑用。

安史之乱中，陆羽也被迫四处漂流，后辗转来到浙江湖州，隐居于苕溪，自号“桑苧翁”。在苕溪，他与杼山寺院的僧皎然结成忘年之交，著名文人张志和、孟郊、刘长卿等也是他的好友。湖州刺史颜真卿将陆羽推荐到朝廷，朝廷先后任用他为太常寺太祝和太子文学。但是陆羽性格豪放不羁，他对做官已没有兴趣了。在朝不久,他又辞官归隐。据《新唐书·陆羽传》,他隐居苕溪时,常一人独行于山野之中,吟诗诵文,手弄流水,杖击林木,游移徘徊,至日黑,兴尽号泣而归。时人不了解他,以为他是狂人,送其外号"接舆"。

中国饮茶之风,始于寺院。僧人参禅打坐,要求"不动不摇,不委不倚",敛心静坐,专注佛境,人在这种情况下很易困倦。饮茶能提神醒脑,驱除困倦,又不违佛家经典,所以茶成为僧人喜爱的饮料。唐代封演《封氏见闻记》中说:"开元中,泰山灵岩寺有降魔师,大兴禅教。学禅务于不寐,又不夕食,皆许其饮茶。人自怀挟,到处煮饮,从此转相仿效,遂成风俗。"陆羽的师父智积禅师也是一个嗜茶之人,且有一套煮茶技艺。他把煮茶技艺教给了陆羽,每天由陆羽负责煮茶。陆羽自己也养成了饮茶的习惯,并练出了一套出色的煮茶技术。据传说,后来智积禅师非陆羽煮茶不饮。

离开龙盖寺以后,陆羽的饮茶爱好和钻研茶叶技术的兴趣不减。游荡四方之时,他很注意研究各地茶叶的特点和煮饮技术。隐居苕溪之后,那里也是茶乡。陆羽经常亲自上山采茶,亲手炮制。与好友在一起煮茶论诗是他一大乐事。陆羽在菩溪时的好友留下的一些诗篇,是陆羽爱茶的佐证。如皇甫冉《送陆鸿渐栖霞寺采茶》:"采茶非采菜,远远上层崖。布叶春风暖,盈筐日已斜。归知山寺路,时宿野人家。借问王孙草,何时泛槐花?"僧皎然《寻陆鸿渐不遇》:"移家虽带郭,野径入桑麻。近种篱边菊,秋来未著花。扣门无犬吠，欲去问西家。报道山中去，归来每日斜。”僧歧然《九日与陆处士饮茶》：“九日山僧院，东篱菊也黄。俗人多泛酒，谁能助茶香。”

以丰富的实践经验为基础，陆羽于 758 年前后写出了不朽的《茶经》。《茶经》正文约 7000 字，分为三卷十节：一之源、二之具、三之造、四之器、五之煮、六之饮、七之事、八之出、九之略、十之图。

“一之源”讲茶树的形态、鲜茶叶的品评、饮茶的效用等。开篇明义，说：“茶者，南方之嘉木也，一尺、二尺乃至数十尺，其巴山、峡川有两人合抱者”，这一记载是茶树原产中国的证据之一。关于饮茶的效用，陆羽说：“茶之为用，味至寒，为饮最宜。精行俭德之人，若热渴凝闷，脑疼目涩，四肢烦，百节不舒，聊四五啜，与醍醐甘露抗衡也。”

“二之具”和“三之造”讲采茶和制茶的方法及工具。当时饮用的茶叶有粗茶、散茶、末茶、饼茶四类。粗茶是将采来的茶叶、梗、芽一起切碎而成，散茶则仅用茶叶，末茶是茶叶烘烤后碾为碎末。陆羽最推崇的是饼茶。采来的茶叶，有叶、笋、芽三种，蒸后杵捣，茶叶烂了而芽、笋仍完整。捣成“茶膏”后，拍成茶饼，穿孔、烘干后密封储藏。“二之具”介绍了采茶和制茶用的 20 种工具，“三之造”主要是讲制饼茶的方法，技术要求非常严格。

“四之器”和“五之煮”讲了煮茶和饮茶用的器具及煮茶的方

法。饼茶不是冲饮,而是煮饮,煮饮的方法特别讲究。先将饼茶烤干,然后装入纸袋,碾成碎末。煮茶用水要选择,“山水上,江水中,井水下”,山水又以“乳泉石池漫流者上”。煮茶用柴,不能有油腥味。茶与水比例要适当,煮的过程有严格操作程序。“五之煮”详细介绍了煮茶方法,“四之器”讲了煮茶和饮茶用到的28种器具。

“六之饮”追溯了饮茶的历史,又讲了饮茶的方法。陆羽强调饮茶不是只图解渴,而是要细细地品,达到温馨安谧、怡然自得的境界,令人陶醉,精神上获得极大满足。

“七之事”引经据典,讲了历史上许多与茶有关的故事。“八之出”列出了唐代产茶的8个道、43州郡、44个县的名称,有的还细到指明某村、某寺院产某种茶,并对各地产的茶叶品质作了评论。“九之略”也是讲采茶、制茶和煮茶的用具。这里所讲的一套用具,比“二之具”和“四之器”中介绍的那套用具简略,比较方便实用,适合于饮茶不特别讲究的人家使用。“十之图”是以图表形式,生动形象地介绍了采茶、制茶、煮茶、饮茶的全套技术方法。可是这些图已经失传,保存下来的只有简短的说明文字。

《茶经》是陆羽对之前茶叶技术的系统总结。

中国人饮茶历史悠久。据《华阳国志》记载,周武王伐纣之时,巴蜀地区进献的贡品中就有茶叶。秦国占有巴蜀地区之后,茶叶从巴蜀传往各地。自西汉至晋代,巴蜀地区的涪陵、什祁、南安、武阳等地皆出名茶。西汉末年王褒写的《僮约》赋,讲到僮仆要做的事中有“烹茶尽具”“武都买茶”，看来那时有些人家饮茶已成习惯。汉代以后的一些著作中，如《神农本草经》《尔雅》《广雅》，都谈到了饮茶的作用或饮茶方法，或有关的传说故事。但是，这些著作谈茶都是只言片语。专门谈茶的书，陆羽《茶经》是第一部。《茶经》把茶叶技术，从采茶、制茶到煮茶、饮茶，科学系统地加以总结，为茶叶技术的进一步发展奠定了基础。

《茶经》的传播，对中国人饮茶习俗的形成有很大推动作用。

饮茶的方法原先相当粗放。《广雅》载："欲煮茗饮，先炙令赤色，捣末置瓷器中，以汤浇复之，用葱、姜、桔子芼之。"陆羽之时，一般人饮茶有两种方法：一是茶叶烤焦捣末，沸水冲饮；二是与葱、姜等物一起煮。陆羽认为，这样煮茶像是煮菜汤，简直是糟蹋茶叶。《茶经》讲了从采茶、制茶到煮茶、饮茶的一整套方法，所用到的一系列器具，以及一系列技术要求，使饮茶发展为一门精细的艺术，成为一种文化、一种修养、一种高级享受，茶才成为流行的饮料，受到人们广泛喜爱。陆羽设计的一套煮茶和饮茶器具，“远近倾慕，好事者家藏一副”(唐·封演《封氏见闻记》)。中唐诗人卢仝在一首诗中这样赞颂饮茶的美妙感受“一碗喉吻润；两碗破孤闷；三碗搜枯肠，惟有文字五千卷；四碗发轻汗，平生不平事，尽向毛孔散；五碗肌骨轻；六碗通仙灵；七碗喫不得，唯觉两腋习习清风生。”唐代杨华的《膳夫经手录》中说“累日不食犹得，不得一日无茶也。”茶与柴、米、油、盐、酱、醋并列，成为中国人每日不可少的“开门七件事”。

《茶经》对促进中国人形成饮茶习俗的重要作用，一直受到肯定。唐末皮日休在《茶经》序言中说：“自周以降，及于国朝茶事，竟陵子陆季疵言之详矣。然季疵以前称茗饮者，必浑以烹之，与夫?蔬而啜者无异也。季疵始为经三卷，由是分其源、制其具、教其造、设其器、命其煮，饮之除痛而病去，虽疾医不若也。其为利也，于人岂小哉！余始得季疵书以为备矣。”宋朝陈师道写的《茶经》序言中说：“夫茶之著自（陆）羽始，其用于世自羽始，羽诚有功于茶也。”宋代诗人梅尧臣有“自从陆羽生人间，人间相学事新茶”之句。正史《新唐书·陆羽传》中也说：“自陆羽《茶经》出，天下益知饮茶矣。”

唐宋两代，基本上沿用《茶经》中所述的制茶饮茶方法。元代以后，制散茶的技术有了很大发展，先后产生出了流行至今的红茶、绿茶、花茶、乌龙茶等品种，饮用方式也由煮饮改为冲饮。《茶经》中讲的具体方法不再使用了，但它在茶叶技术发展史上的地位人们不会忘记。

由于《茶经》的重大影响，陆羽死后被尊为“茶圣”“茶神”。唐代赵璘的《因活录》和《新唐书·陆羽传》都讲到，卖茶者把陆羽当做保护神供奉，用陶土塑成陆羽像，供奉于灶间，保障茶叶生意兴隆，财源茂盛。还有一种传说，茶叶生意不好时，往陆羽像口中滴几滴茶，虔诚祈祷，生意就会好转。

饮茶习俗由中国传向世界,《茶经》的影响也传遍世界。茶在唐代传入日本,是由鉴真和尚东渡和来华日僧带入的。在吸收中国饮茶习俗的基础上,日本人又发展出了茶道,提倡饮茶要“和、敬、清、寂”。16世纪中,来华和来日本的欧洲传教士,又把饮茶之风传到欧洲。荷兰的东印度公司于1606年从澳门购买一批茶叶运往欧洲, 这是中国茶叶大宗出口的最早记录。那时中国已饮散茶,《茶经》所述之法已不再采用,所以欧洲人的饮茶方式没有直接受《茶经》影响。但是,西方学者也知道《茶经》在茶叶发展史上的重要地位。美国人威廉·乌克斯1935年撰写的《茶叶全书》中指出:“《茶经》是第一部茶叶专著,中国和世界的农学家及有关事业者俱受其惠。”

(李思孟)

《历代名画记》 张彦远

成书于公元九世纪中期的《历代名画记》,是中国历史上第一部绘画通史著作,集画史、画论、画家小传于一体,承前启后,在画史论著中具有里程碑式的意义。对此,现代美学家宗白华先生曾说:"中国在第九世纪曾产生了一个绝代的批评家, 可以比肩于 Pater①,可以比肩于 Ruskin②,可以比肩于 Winckelmann③,这人是张彦远,他那亘古不朽的著作便是《历代名画记》。"

张彦远(公元 815—876 年),字爱宾,河东(今山西永济)人。中国晚唐时期杰出的书画著述家,著有《历代名画记》《法书要录》《彩笺诗集》等书画理论著述。张彦远出身宰相世家,其高祖张嘉贞、曾祖张延赏、祖父张弘靖曾三代为相。白居易在《授张弘靖门

---

①沃尔特·佩特(Waleter Pater),1834—1894,英国散文作家、文艺批评家。唯美主义代表之一。

②罗斯金(John Ruskinjn),1819—1900,英国政论家、艺术批评家。

③温克尔曼(Johann Winckelmann),1717—1768,德国艺术家、美学家。

下侍郎平章事制》中曾称颂道:“呜呼,三代为相,邦家之光,尔其敬哉,无替乃前人徽烈。”至张彦远一代,其父张文规任桂管观察使,张彦远本人于宣宗大中初年(公元847—848年)由左补阙迁任尚书祠部员外郎,懿宗咸通三年(公元862年)出任舒州(今安徽潜山)刺史,僖宗乾符二年(公元875年)任大理寺卿,乾符三年(公元876年)卒于任上。其从弟张茂枢由于卷入宰相柳璨引发的政治风波,于天祐二年(公元905年)被赐死,受此次白马驿之祸的牵连,河东张氏自此退出唐王朝的政治舞台。从张嘉贞到张茂枢,张家五代人以其显赫的家世见证了大唐王朝的兴衰荣辱,直至走下历史的舞台。

张彦远的高祖张嘉贞生前喜好鸠集名迹,去世后以家中书画遗赠子孙。张彦远祖父张弘靖更是继承家中好聚书画的传统,“金帛散施之外,悉购图书。古来名迹,存于箧笥”(《法书要录》)。张氏多代人的辛苦经营使得家中书画收藏颇富,据《历代名画记·叙画之兴废》中记载,宪宗(李纯)曾亲笔手诏,向张弘靖“索其所珍”,张弘靖被迫向宪宗进奉书画,“惶骇不敢缄藏,科简登时进献,乃以钟、张、卫、索真迹各一卷,二王真迹各五卷,魏、晋、宋、齐、梁、陈、隋杂迹各一卷,顾、陆、张、郑、田、杨、董、展洎国朝名手画合三十卷”足见当时河东张氏藏历代名家书画数量之巨,质量之高。对此,宪宗在《答张弘靖进书画表》中曾言:“卿庆传台铉,业嗣弓裘,雄词冠于一时,奥学穷乎千古,图、书兼蓄,精博两全……其钟、张等书,顾、陆等画,古今共宝,有国所珍。朕以视朝之馀,得以寓目,因知丹青之妙,有合造化之功。欲观象以省躬,岂好奇而玩物。况烦章奏,嘉叹良深。”但世事难料,穆宗长庆元年(公元821年)七月,时任幽州藩帅刘总归朝,张弘靖因受内贵人魏弘简的门人宰相元贞的排挤前往幽州出任卢龙节度使,到任不足两月即发生幽州兵乱,藩帅张弘靖被乱兵囚禁于蓟门馆,家中亦被洗劫一空,所藏书画“皆失坠矣”。至此,张氏收藏所剩无几,“其进奉之外,失坠之余,在者才二三轴而已”(《历代名画记》)。

虽然家中所藏书画历经世事变幻,百无一存,但出身世禄之家的良好文化熏陶使得张彦远在家中藏书多半散佚的情况下仍然能够根据自身积累写出《法书要录》《历代名画记》这样的传世著述。累世传承的审美经验更使张彦远在书画品评方面拥有绝对的自信,在《法书要录》中他曾说“然而收藏鉴识,有一日之长”。尤其在撰写完《法书要录》和《历代名画记》以后,他常说:“好事者得余二书,则书画之事毕矣”(《历代名画记》)。除来自家庭的书画熏陶外,张彦远自身对收藏书画的痴迷也为其撰写出《历代名画记》这样的巨著打下基础。他曾在《历代名画记》卷二《论鉴赏收藏购求阅玩》中说:

余自弱年,鸠集遗失,鉴玩装理,昼夜精勤,每获一卷,遇一幅,必孜孜葺缀,竟日宝玩,可致者必货弊衣。减粝食,妻子僮仆切切嗤笑。或曰:“终日为无益之事竟何补哉”?既而叹曰:“若复不为无益之事，则安能悦有涯之生，是以爱好愈笃，近于成癖。每清晨闲景，竹窗松轩，以千乘为轻，以一瓢为倦。身外之累，且无长物，唯书与画，犹未忘情，既颓然以忘言，又怡然以观阅。常恨不得窃观御府之名迹，以资书画之广博，又好事家难以假借，况少真本！书则不得笔法、不能结字，已坠家声，为终身之痛。画又迹不逮意，但以自娱。与夫熬熬汲汲，名利交战于胸中，不亦犹贤乎？昔陶隐居启梁武帝曰：愚固博涉，患未能精，苦恨无书，愿作主书令史。晚爱楷隶，又羡典掌之人。人生数纪之内，识解不能周流，天壤区区，惟态五欲，实可愧耻。每以得作才鬼，犹胜顽仙。"此陶隐居之志也。由是书画皆为清妙，况余凡鄙，于二道能无癖好哉？

由此可见，对于历经连年战乱、王朝更迭和家族兴衰的张彦远而言，书画作品不仅是其爱好所在，也是其精神寄托，他将历经的人事变幻、世道沧桑以及历史的悲凉感和沉重的理性反思凝结于《历代名画记》的撰著之中。这显然也是《历代名画记》具有独特魅力的原因，也是之后的画史著作都无法与之比肩的缘由。毕斐在《历代名画记论稿》中也曾说到："古代中国早期艺术家、鉴赏家和评论家大多仅留存其作品或卓见于后世，其身世往往湮没不闻，甚至连姓名也无法查考。而张彦远则不然，他出身显贵，见诸史传，且有著述传世，这使我们可以勾稽史料，寻绎其书，了解张彦远的经历，在历史情境中力求合理地读解他的著述。"

其实，在《历代名画记》之前已有一些书画评论著述问世，如后魏孙畅之的《述画记》、裴孝源的《贞观公私画录》，窦蒙的《画拾遗录》等，但张彦远认为这些著述“率皆浅薄漏略，不越数纸”。故而张彦远撰写《历代名画记》的初衷，不仅受家中藏书“皆失坠矣”和历代名画散聚无常、佚失颇多等情况的影响，更是为了纠正前人著述中的讹误之处，从而达到“明乎所业，亦探于史传，以广其所知”（《历代名画记的·叙画之兴废》）的根本目的。最终，张彦远以“明乎所业”为目标，集中整理前人著作并加入单独收集的历史资料，从而写出我国历史上第一部系统完备的画史著作——《历代名画记》。

从本书的篇章体例来看，《历代名画记》以“用”为线索展开各章节的安排与论述，结构严谨，法度森严，开后代画史著述体例之先河。书中前三卷皆为画论，一叙画之源流，二叙画之兴废，三叙自古画名人，四叙自古画人姓名，五论画之六法，六论画山水树石，七叙师资传授南北时代，八论顾陆张吴用笔，九论画工用榻写，十论名价品第，十一论鉴识收藏购求阅玩，十二叙自古跋尾押署，十三叙自古公私印记，十四论装褙褾轴，十五论古今之秘画珍图。自第四卷以下，皆画家小传，主要以唐代画家为主。从内容的角度，可将这十卷分为三部分：

第一部分总论，包含第一卷全部和第二卷前两节，为对绘画历史发展的评述及对绘画埋论的阐述。含《叙画之源流》《叙画之兴废》《叙自古画名人》《论画六法》《论画山水树石》等文章。其中，

《叙画之源流》作为开篇之作详细论述中国古代书画的起源。第二篇《叙画之兴废》回顾公私收藏历代名画的历史并在文末阐明撰著《历代名画记》的目的。在这篇论文中，张彦远为自己将要讨论的种种问题埋下了一个重要伏笔：由于公、私藏历代名画散聚无常、佚失颇多，以及历代名画在散失过程中辗转拓写从而真伪杂糅的情况屡见不鲜，因此不仅有必要全面载录、介绍“历代名画”，而且还有必要阐明鉴定方法、护理和装裱方法，供书画藏家参考。

第二部分分论，为第二卷后两节与第三卷全部，记载画家传记及有关的资料，并介绍自古以来的有关鉴赏、收藏、押署、印记、装裱、艺术品市场价格等情况，同时记录下了当时尚可看到的壁画与古代名作。第四篇《论画六法》旨在为书画藏家鉴定、品玩历代名画提供审美价值判断的标准。在《论画六法》中，他指出，“古之画或能移其形似而尚其骨气，以形似之外求其画”，对形似的低调处理，而于形似之外求画作本身所具有的“神韵”，实际上便体现了中国古代文人画追求“神似”而非“形似”的特点。第五到第七篇即《论画山水树石》《叙师资传授南北时代》和《论顾陆张吴用笔》，分别从山水树石的风格差异，魏晋至唐各名家绘画的风格差异，顾恺之、陆探微、张僧繇、吴道子笔墨技巧的差异等方面，为书画藏家提供鉴定、赏玩各时期、各家绘画的途径与方法。第八篇《论画体工用拓写》乃指导书画藏家在无法得到真迹的情况下，如何选择颜料、胶、纸等以备临摹拓写。第九篇《论名价品第》提出绘画价格理论，为书画藏家在交易时进行价格估计提供方法指导。第十篇《论鉴识收藏购求玩阅》,提示书画藏家,流失民间的历代绘画“妍蚩浑杂”,不可盲目购求而不加铨量,同时阐述保存历代名画的经验。第十一《叙自古跋尾押署》与第十二篇《叙自古公私印记》,皆直接关乎鉴定,“乃书画之本业耳”。第十三篇《论装背裱轴》,指导书画藏家如何装裱绘画。

第三部分画家小传,为卷四至卷十。这一部分按“自然”“神”“妙”“精”“谨细”五个等级对书中记载的画家加以品评,罗列了讫晚唐会昌元年间三百余名画家的传记,详细记述画家生平和绘画创作情况。张彦远在《历代名画记》卷四《叙历代能画人名》篇目下自注:“自轩辕至唐会昌凡三百七十二人”，书中共搜集历代画家372人,其中唐代画家206人。《历代名画记》中记载的唐以前的画家史料多取材于正史,书中裨补的内容不多,但对唐代画家的记叙内容却是不拘一格,不仅详列画家的生平事迹,更对其书画造诣及书画作品详加品评，为后代学者研究提供了丰富详实的史料。此外,因唐代诗歌繁荣,许多画家兼有诗人的身份,故《历代名画记》中记载的画家小传不仅为研究当时的画家提供史料,对考订诗人的生平事迹亦大有裨益,尤其是书中记录了一些现已名不见经传的诗人，这些人因声名不显难以在正史中发现其踪迹,多赖此书保存其生平行事,得以一窥唐时诗坛的全貌。

《历代名画记》因内容之宏富、体制之完整而备受后代学人及画家追崇。宋熙宁年间郭若虚编撰的《图画见闻志》和宋宣和年间米芾撰写的《画史》,不仅在体例上全仿张书,且在内容方面亦多有摘录。此外,《历代名画记》的内容亦见诸于王尧臣的《崇文总目》、欧阳修的《新唐书》、郑樵的《通志》等史学著作。但在用《历代名画记》作研究的过程中,因所据版本的不同曾引发过学术见解的分歧和争端,于是追索版本源流、校勘原著文字成为《历代名画记》的研究者们不可回避的工作。

《历代名画记》自公元848年成书以来,受当时印刷技术的影响,首先是以抄本的形式在各藏家手中流传,直到南宋理宗时期才得以雕版印行,但这些版本现今均已散佚。因抄写、雕版过程中的讹误导致不同版本的《历代名画记》内容迥异,有些内容甚至大相径庭,因而历代学者对《历代名画记》的版本系统也各执一词难有定论。自《历代名画记》问世迄今的一千二百多年间,版本学家针对该书不同版本进行的校勘研究工作一直在持续。目前可以查证的是,对《历代名画记》的整理校勘工作发端于宋代,盛行于明清。因明清时期是我国画史著述刊刻出版的繁荣时期,现今存世的《历代名画记》也多为明清抄、刻本。虽然明清抄、刻本多从南宋刊本中析出,但明清人在抄写过程中杂入大量时人观点,难以窥见该书原本的全貌,并且各版本之间皆有错脱,内容也多有难以读解之处。明清时期主要流传的刻本有明嘉靖王世贞的郧阳初刻本、王元贞的《王氏画苑》金陵重刊本、毛晋的《津逮秘书》本、《四库全书》本、张海鹏的《学津讨原》本等。现存的刻本中较早的是明嘉靖本和万历二年至三年间王世贞的郧阳初刻本。明末毛晋亦曾重刻该书，在重校《王氏画苑》的基础上改正原有版本的讹误之处，使得《历代名画记》在前人基础上有了一个更优的版本。因此，毛晋的《津逮秘书》本《历代名画记》就成为现存版本中流传最广、影响范围最大、使用最多的一种。二十世纪初，受"西学东渐"的影响，中国学界再次兴起对《历代名画记》版本研究的热潮。上世纪二三十年代，学者将重点放在对《历代名画记》各版本进行校勘比较上，在此基础上试图梳理出该本的流传脉络。与此同时，也有许多西方学者通过对《历代名画记》的译介，将该书传入西方。许多研究中国古代画史的学者将此书列为必读书目进行研究，真正代表西方《历代名画记》研究水准的当属艾威廉的两卷本《六朝暨唐代绘画文献选编》，他在选用多种版本对《历代名画记》原文校订的基础上，又对前三卷做了英译和校注，对其中的主要篇章如《叙画之源流》和《记两京外州寺观画壁》等则又有专题讨论，这部著作现今已成为西方读者研读中国古代美术文献最重要的读物之一。

《历代名画记》自诞生至今已有一千二百余年的历史，其内容之宏富，体例之完备，开画史研究之先河，为中国画史研究树立体例的典范，为后代画史的研究与写作提供切实可行的组织形式及丰富详实的史料内容。余绍宋先生在其著作《书画书录解题》中将

《历代名画记》与“史家之绝唱，无韵之离骚”的《史记》相提并论，称其为“画史之有是书，犹正史之有《史记》。”

（赵晓）

《梦溪笔谈》 沈括

中国历史上有难以胜计的笔记小说，其中知名度最高、传播最广、影响最大者要算《梦溪笔谈》(以下简称《笔谈》)了。作者沈括，字存中，浙江钱塘(今杭州)人，生于宋仁宗天圣九年(1031年)，卒于哲宗绍圣二年(1095年)。其父沈周，母亲许氏为一有文化教养的妇女。在母亲指导下，沈括14岁就读完了家中的藏书。由于其父出任过镇江、泉州的地方官，后又任开封判官，沈括随父迁居，有机会接触社会、生产，增长了不少见识。父亲去世后，沈括承袭父荫，最初做海州沭阳县(今江苏沭阳)主簿，后任东海(江苏东海)、宣州宁国(安徽宁国)、陈州宛丘县(河南淮阳)县令。这期间他对沭水进行了整治，新筑大堤两道，“疏水为百渠九堰，以播节原委”“得上田七千顷”，使沭阳面貌大大改变。

熙宁五年(1072年)，沈括又主持了汴河的水利建设。施工过程中，他采用“分层筑堰法”，从开封到泗州淮河岸将汴河分成若干段，分段筑成台阶形的堤堰，引水灌注入内，然后逐级测量各段水面，累计各段水面的差，实测出开封到泗州落差为19丈4尺8

寸6分。这在世界水利史上都是一个创举。

宋仁宗嘉祐八年(1063年),沈括33岁时考中进士,被任命做扬州司理参军,掌管刑讼审讯。三年后,又被推荐到京师昭文馆编校书籍,使他有机会开始研究天文历算。宋神宗熙宁五年(1072年)兼任提举司天监,职掌观测天象,推算历法。接着沈括又担任史馆检讨,熙宁六年做集贤院校理。这些职务上的便利条件使沈括有机会阅读更多的皇家藏书,充实了自己的学问。

沈括是个注重创新的人,在政治上他积极支持王安石的变法,科学上他从不囿于旧说。1072年他到司天监任职时,“日官皆井市庸贩,法象图器大抵漫不知”。他们“侈谈玄理”“拘泥术数”。沈括一上任,就启用平民卫朴造新历,罢掉了六个不称职官员,引用一批士人,为他们开设培训班,分五科进行培养,然后分配在监内任职。在司天监内,沈括还新置浑仪、景表、五壶浮漏,使司天监的工作有很大改观。

哲宗元祐三年(1088年)沈括定居润州(今江苏镇江),筑室名曰梦溪,《笔谈》就是沈括在润州时写成的。

沈括一生著作多达35种以上,但保存到现在的,除《笔谈》外,只有综合性文集《长兴集》和医学著作《良方》等少数几部了。

绍圣二年(1095年),沈括老病交加,死于梦溪故居。其事迹附载《宋史·沈周传》中。

在沈括生活的时代,宋王朝经过几十年的和平统一,科学技术进步已十分明显。在北宋中期墓葬中往往可以发现成组的铁制农具，如犁、耧、耙、锄、镰等，秧马和水车已经在江南农村广泛使用，苏轼在途经武昌时就看见秧马的大量使用。至于王安石的诗中，更是多次提到水车的使用。由于生产工具的进步，耕地面积也有了大幅度提高，仅治平年间(1064–1067年)就垦田440万顷，较之10多年前登记在册的数字增长几乎达1倍(《宋史·食货志》卷一百七十三)。农业技术的进步，使单位面积产量有了明显增加，苏州一带稻田的亩产量，普通年成可收米三石，而唐代一般稻田的亩产量才为12石。宋代的度量单位又比唐代大，可见宋代的产量明显高于唐代。

手工业生产技术也有了明显提高。治平年间产铁800多万斤，较唐中叶所产增加4倍(《宋史·食货志》卷一百八十五)。铸钱业有了很大发展，1091年(元祐六年)仅一个元丰监的官府铸额就相当于晚唐长庆时全国的数字。新兴的棉纺织业发展很快，成都创设的一家官营锦院就有约500家军匠在里面工作，有织机154张，年产额690匹。造船业的发展也十分迅速，已能制造大型船只，在汴京金明池修建的船坞可以修理20丈长的船只。在工业生产中使用机械装置的已逐渐增多，四川的井盐业不仅用特制钢具钻地，吸卤也使用唧筒。茶叶制造时磨茶工序也使用了水力机械。这为沈括著作的问世提供了客观条件。

《笔谈》内容涉及力学、光学、磁学、声学等各个领域。原书编为30卷，现传本为26卷，凡分17门，曰故事、辨证、乐律、象数、人事、官政、权智、艺文、书画、技艺、器用、神奇、异事、谬误、讥谑、杂志、药议。又有补笔谈二卷、续笔谈一卷。

按照李约瑟的统计，《笔谈》一书属人事方面的270条，自然科学方面的207条，人文科学方面的107条，总计584条。具体细目所占比例如下表。

类别	内　　容	条数	类别	内　　容	条数
人事材料	官员生活和朝廷	60	自然科学	物理学和化学	9
	学士院和考试事宜	10		工程学、冶金学、工艺学	18
	文学和艺术	70		灌溉和水利工程	6
	法律和警务	11		建　筑　学	6
	军　　事	25		生物科学、植物学、动物学	52
	杂闻和轶事	72		农　　艺	6
	占卜、玄术和民间传说	22		医学和药物学	23
人事材料总数		270	自然科学总数		207
自然科学	《易经》、阴阳和五行	7		人　类　学	6
	数　　学	11		考　古　学	21
	天文和历法	19		语　言　学	36
	气　象　学	18		音　　乐	44
	地质学和矿物学	17	人文科学总数		107
	地理学和制图学	15	总　　计		584

从统计数字得知,纯自然科学的内容共207条,占全书内容(584条)的近一半。如果从广义上理解科学,《笔谈》中有近3/5的内容属于科学。

《笔谈》是一本综合性著作。就自然科学而论,主要成就有:

沈括提出的河流侵蚀作用在世界上是最早的。熙宁七年(1074年),沈括察访浙东时,发现温州雁荡山中的诸山峰和其他山很不相同,只有进入谷地,才能见到山峰耸立,直冲云霄。对于其成因,沈括在卷二十四中说“原其理,当是为谷中大水冲激,沙土尽去,唯巨石岿然挺立耳。”沈括的看法是十分正确的。在西欧,英国赫顿在《地球理论》一书中阐述过流水侵蚀作用,这已是18世纪末,比沈括晚了约700年。

植物学上沈括提出的许多看法对后世有很大影响。论细辛、杜蘅的区别,甘草的形状,薰陆、乳香、塌香为一物,青蒿、香蒿产地、颜色、气味,石龙芮有两种等条,宋人寇宗奭《本草衍义》摘录了他的文字;论苦耽与酸浆本一物及其产地,赭魁的形状与功能,莽草的形状,芦、苇本为一物,枳实、枳壳的区别等,又被清人吴其浚的《植物名实图考》所征引或赞许。其中赭魁一条,李时珍的《本草纲目》除全文照录外,还称赞他纪录详明。从《尔雅》到《说文》,都用蜾蠃(一种昆虫)来解释蒲芦,误植物为动物,从汉至唐都无人怀疑这种说法,最早纠止这种错误看法的是沈括。他提出蒲芦即蒲苇。朱熹特别征引这件事来解释《中庸》,明人更称赞沈括的看法是“杰然超世之识”。

沈括用晷、漏观测发现了真太阳日有长短。《梦溪笔谈》新校正本第一百二十八条说：“冬至日行速，天运未期，而日已过表，故百刻而有余；夏至日行迟，天运已期，而日未至表，故不及百刻。既得此数，然后复求晷景、漏刻，莫不吻合。此古人之所未知也。二者，日之盈缩，其消长以渐，无一日顿殊之理。历法皆以一日之气短长之中者，播为刻分……”沈括是怎样发现真太阳日有长短的？书中虽没有记载，但推测沈括可能是先测量若干日内太阳赤经的变化，然后换算成黄道度数。在不同季节中重复进行这种测量，就可以比较一年中不同时期太阳在黄道上运行的快慢。经现代的计算，一年中真太阳日的极大值与极小值之差仅为 51 秒，沈括能用晷、漏这些仪器发现它的确是不容易的。

“十二气历”的发明，是沈括对科学的又一贡献。古代的历法一直存在着阴阳历之间难调和的矛盾，因为月绕地球运转周期为 29.530588 天，地球绕太阳周期为 365.242216 天，两个数字之间互除不尽，使得用 12 个月来配合春夏秋冬四时的历日制度始终存在着矛盾。为了解决这种矛盾，古代学者采用闰月的方法，但阴阳历的差异并没有消除，历日和节气脱节的现象仍时有发生。沈括为了解决这个难题，主张完全废除阴历，采用阳历，即彻底废除 12 个月为 1 年的制度，改用 12 气为一年。这样就可做到“四时之气常正，岁政不相陵夺，日月五星，亦自从之”。对这个历法学术界公认它比现行的《格里历》好，因为该历12个月的大尽小尽安排得还不很合理，节气的日期还有一日的上下。

对天文仪器，沈括进行了大胆的革新。他取消了浑仪上不能正确显示月球公转轨迹的月道环，放大窥管口径使它能经常看到极星。同时又改变了一些环的位置，使它挡不住观测视线。这些改进使浑仪大大简化，为仪器的发展开辟了新的途径。元朝郭守敬创制简仪就是在沈括的基础上产生的。在制造漏壶时，沈括把原来安装在壶上面的曲筒管子移位到壶体下部，曲筒改为直颈玉嘴。改革后不但水流舒畅，管子也坚固耐久，直到清朝都一直采用这种办法。

堆垛术始于沈括。《笔谈》卷十八说，累棋、层坛和积罂等的形状像刍童，但因其有刻缺和虚隙，不能套用刍童求积公式，否则计算结果常失于少；可以先按刍童求积法求出积，然后再补加一项，这一项为下宽与上宽之差，乘以高，再用六除所得的数值。沈括这一发现采用的是类比联想方法。沈括的思想后来给杨辉很大启发。在《详解九章算法》中，他正式提出“比类”一词，并在该书的“商功”中分别将菓子垛、方垛、三角垛比类于刍童，方锥、正方台、鳖臑，得出各自的垛积公式。朱世杰《四元玉鉴》卷下“果垛叠藏”中的三角台垛、四角台垛、刍童垛、刍甍垛都依据了隙积术来立算。他们所举出的许多新级数，都是由沈括的研究推广而得。

沈括还创立了会圆术。这是已知圆的直径d和弓形的高b，求弓形底 c 和弓形弧 s 的方法(如图)。

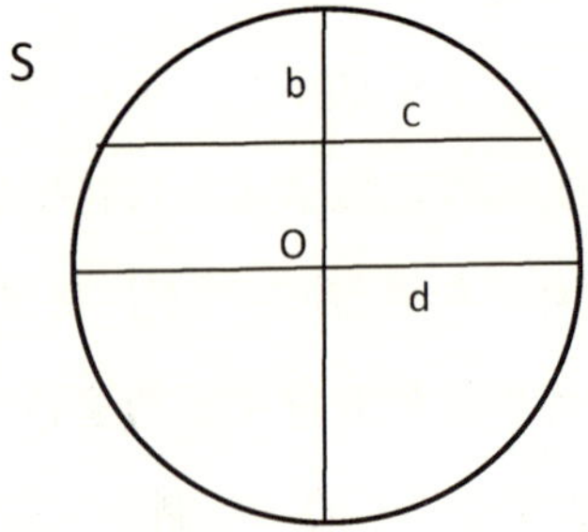

《笔谈》卷十八说“置圆田、径半之以为弦,又以半径减去所割数,余者为股,各自乘,以股除弦,余者开方除为句,倍之为割田之直径。”按照上图写成公式就是

$$C = 2\sqrt{\left(\frac{d}{2}\right)^2 - \left(\frac{d}{2} - b\right)^2}$$

接着沈括又说:“以所割之数自乘倍之,又以圆径除所得,加入直径,为割田之弧。再割亦如之,减去已割之弧,则再割之弧也。”按照上图写成公式是

$$S = C + \frac{2b^2}{d}$$

这是继《九章算术》弧田术(弓形面积 $A = \frac{2}{1}(bc + b^2)$)又一个近似公式。不仅简单实用,而且精度较高。当圆心角不超过 45 时,其相对误差小于 2%。沈括以后,元代郭守敬的《授时历》以四次方程

式求天球“黄道积度”的矢，就是应用沈括的公式来列式的，会圆术为郭守敬的球面三角学奠定了基础。

《笔谈》对磁针的记载在时间上是最早的。此前的《武经总要》只是提到指南鱼，且是用铁片剪成，然后放在密匣中磁化（“以密器收之”）。到了沈括时代，方家们已经使用制造的磁针，磁化方法是用磁石磨针锋，这就比指南鱼进步多了。对于磁针的装置方法，沈括亲自做了四种实验。将磁针横贯灯芯浮在水上，将磁针架在碗沿或指甲上。这三种方法都不如用丝线将磁针悬挂起来。磁针技术上的进步使沈括第一个发现了地磁子午线和地理子午线的不一致（即磁偏角的发现）。《笔谈》卷二十四记载：“方家以磁石磨针锋，则能指南，然常微偏东，不全南也。”这也是世界上最早的地磁偏角记录。这个数字很小，只有几度，沈括能够发现是相当了不起的。西方直到 1492 年才由哥伦布发现，比沈括已经晚了 400 多年。

《笔谈》除了记载沈括的科学研究成果外，还包括其他许多成就。主要有：

《笔谈》卷二十、卷二十一记载，沈括曾从一个渔人手中得到一枚七两多重、面有 20 余印，背有五指和掌痕，当时称为“印子金”的金饼，这实际上是战国时期楚国的金币“郢爰”，书中的这个记载是对郢爰的最早记载。

《笔谈》还记录了许多别的科学家的研究成果，如卫朴的历算学，毕昇的活字印刷，孙彦先的虹的成因说，李元规的天气预测等。因此这本书不仅可使后人对沈括时代的科技知识有一个概括的了解，而且书中所提供的一些材料目前已成为唯一可靠的材料。这样《梦溪笔谈》在科技史上就格外具有价值。仅以毕昇发明活字印刷的记载为例，书中的记载十分详细，从造字排版到印刷十分详尽地记了下来，使后人不但知道毕昇在这一领域中的发明已和现代铅字排印术的原理基本相同，而且后来依法仿制的人都得到它的启示，做出了许多成就。元初杨古用活字版印刷书籍，取得了很大成功，他以感激的心情将这种印刷术称为“沈氏活版”。

《笔谈》所具有的多方面的价值，使它一问世就受到世人的高度重视。沈括死后60年，扬州公库和州学为筹募经费，曾经刊印《笔谈》贩卖，获得钱财周转。这说明读过这本书的人已认识到它的价值，相信刊刻该书可以解决他们的经费困难。

另一方面，《笔谈》的成就使该书及作者受到众多学者的高度评价，日本数学家三上义夫和英国科学史家李约瑟的看法就很具有代表性。在《中国算学之特色》一书中，三上义夫说：

“日本的数学家没有一个比得上沈括……如果在别国去找……仅有希腊的阿契泰斯，他的学识经验最能和沈括相比。总之，沈括这样的人物，在全世界数学史上找不到，唯有中国出了这一个人。我把沈括称做中国数学家的模范人物或理想人物，是很恰当的。”[①]

---

①许莼舫：《多才多艺的数学家沈括》，《科学大众》1953年11月号。

李约瑟用了许多篇幅讨论沈括的《笔谈》,同时称它为“中国科学史上的坐标”,称沈括“是中国科学史上最奇特的人物”(T. Needham, Science and Civilisation in China, VoL. 1, P. 135)。

(宋子良　刘焱)

《营造法式》 李诫

《营造法式》是北宋官订的建筑设计、施工的科学专著，性质略似于今天的建筑设计手册和建筑规范。它是中国古代文献中最完善的一部建筑技术专著，是研究宋代乃至中国古代建筑及其标准的一部必不可少的参考文献。

编修者李诫（？—1110年），字明仲，郑州管城县人。根据他在将作的属吏傅冲益所作的墓志铭，李诫从“元祐七年（公元1092年），以承奉郎为将作监主簿”始，到他逝世以前约三年去职，在将作任职实计13年，由主簿而丞，而少监，而将作监，其级别由奉承郎升至中散大夫，凡十六级。在这十余年间，差不多全部时间李诫都在将作，仅仅于崇宁二年（公元1103年）冬，曾调京西转运判官，但几个月后，又调回将作，不久即升为将作监。大约在大观二年（公元1108年），因奔父丧，按照封建礼制，居丧必须辞职，他才离开了将作。

李诫的出生年月不详。元丰八年（公元1085年），趁着宋哲宗登位大典的“恩遇”，他的父亲李南公（当时任河北转运副使，后为龙图阁直学士、大中大夫)给他捐了一个小官,补了一个郊社斋郎,后来调曹州济阴县尉。到公元1092年调任将作监主簿,他曾作了7年的小官。大致可以推测,他的父亲替他捐官的时候,他的年龄很可能是20岁左右。由此推算,他的出生可能在公元1060年到1065年之间。在将作任职的十余年间,李诫曾负责主持过大量新建或重修的工程,其中见于他的墓志铭,并因工程完成而给他以晋级奖励的重要工程,计有辟雍、朱雀门、九成殿、太庙等11项。在《法式》各卷首李诫自己署名的职衔中,还提到建造皇帝外弟和班值诸军营房等。当然,李诫的实际经验是丰富的。建筑是他一生中最主要的工作。

李诫于绍圣四年(公元1097年)末奉旨重新编修《营造法式》,至元符三年(公元1100年)成书。这时候,他在将作工作已经八年,"其考工庀事,必究利害。坚窳之制,堂构之方,与绳墨之运,皆已了然于心"(墓志铭)。他编写的工作方法是"考究经史群书,并勒人匠逐一讲说"(札子)"考阅旧章,稽参众智"(进书序)。可以说:李诫编写《营造法式》是在他自己实践经验的基础上,参阅古代文献和旧有的规章制度,依靠并集中了工匠的智慧和经验而写成的。

李诫除了是一位卓越的建筑师外,根据墓志铭,他还是一位书画兼长的艺术家和渊博的学者。他研究地理,著有《续山海经》十卷,他研究历史人物,著有《续同姓名录》2卷。他识马,著有《马经》

3卷，并善于画马。据程俱《北山小集》卷三十三记载，李诫“善画，得古人笔法”“上闻之，遣中贵人谕旨，公以五马图进，睿鉴称善”。他的《古篆说文》10卷是他研究文字学的专著。此外，从他的《琵琶录》3卷的书名看，还可能是一位音乐家。从他这些虽然都已失传的书名来看，他的确是一位知识渊博，“博学多艺能”的建筑师。这一切无疑都对一位建筑师的设计创造有着深刻的影响。

李诫是一位科学家，在《法式》的文字中可看出他踏踏实实的科学作风。从他“进新修《营造法式》序”中，我们就看到，在简练的318个字里，他把工官的历史与职责，规划、设计之必要，制度、规章的作用，他自己编修这本书的方法，和书中所要解决的主要问题和书的内容，说得十分清楚。又如《营造法式》十四卷《彩画作制度》，对于彩画装饰构图方法的“总制度”和绘制、着色的方法、程序，都能以准确的文字叙述出来。李诫的其他著作已经失传，但他的最重要的，在中国文化遗产中占着重要位置的《营造法式》一直留存到今天，成为我们研究中国古代建筑的一部最重要的科学文献。

《营造法式》是将作监“奉敕”编修的。中国自有历史以来，历代都设置工官，管理百工之事。自汉始，就有将作大匠之职，专司土木营建之事。隋以后称作将作监。宋承前朝官制，按《宋史·职官志》：“将作监、少监各一人，丞、主簿各二人。监掌宫室、城廓、桥梁、舟车营缮之事，少监为之贰，丞参领之。凡土木工匠版筑造作之政令总焉。"一切属于土木建筑工程的计划、规划、设计、预算、施工组织、监工、检查、验收、决算等工作,都由将作监"岁受而会之,上于工部"。由它的职掌看来,将作监是隶属于工部的设计施工机构。

北宋立国以后的百余年间,随着生产力的发展,社会经济的繁荣,自然科学知识的积累以及科学整体能力的提高,使北宋科学技术得到长足的进步。各种建筑工程,如宫殿、庙宇、园囿等的规模越来越大,亟需制定各种设计标准、规范和有关材料,施工的定额与指标。宋哲宗元祐六年(公元1091年),将作监第一次修成了《营造法式》,并由皇帝下诏颁行。至徽宗朝,又诏李诫重新编修,并于崇宁二年(公元1103年)刊行。

宋徽宗时期之所以重新编修《营造法式》,是由于"元祐《法式》,只是料状,别无变造用材制度,其间工料太宽,关防无术"。由此可见,《法式》的首要目的在于关防主管工程人员的贪污盗窃。但是,徽宗对建筑的艺术性和风格方面似有更苛刻的要求,他不满足于关防工料的《元祐》法式,因而要求对于建筑的艺术效果方面也要有相应的保证。全书34卷中,以13卷的篇幅用于功限料例,可见《法式》虽经李诫重修,增加了各种"制度",但关于建筑的经济方面,仍是当时极为重视的。

《营造法式》各卷内容如下:

第一、二卷是"总释",引经据典地诠释各种建筑物和构件

(“名物”)的名称,说明一些几何形状的计算方法,以及当时一些定额的计算方法(“总例”)。

第三卷为“壕寨制度”和“石作制度”。“壕寨”大致相当于今天的土石方工程,如地基、筑墙等;“石作制度”则叙述殿阶基(清代称台基),踏道(台阶)、柱础、石钩栏(石栏杆)等的作法和雕饰。

第四、五卷是“大木作制度”,凡屋宇之木结构部分,如梁、柱、斗栱、槫、椽等属之。

第六至十一卷为“小木作制度”,其中前三卷为门窗、栏杆等属于建筑物的装修部分;后三卷为佛、道帐和经藏,所叙述的都是庙宇内安置佛、道像的神龛和存放经卷的书架的作法。

第十二卷包括“雕作”“旋作”“锯作”“竹作”四种制度。前三作说明对木料的三大类不同的加工方法;“竹作”说明用竹(主要是编造)的方法和竹材的等第与选择等。

第十三卷是“瓦作制度”和“泥作制度”,说明各种瓦件的等第、尺码、用法和用泥抹、刷、垒砌的制度。

第十四卷是“彩绘作制度”,先解说彰画构图,配色的几项基本法则和方法(“总制度”),然后按不同部位、构件和等第,叙述各种不同的题材、图案的画法。

第十五卷是“砖作制度”和“窑作制度”。砖作包括砖的各种规格和用法。窑作主要叙述砖、瓦、琉璃等陶制建筑材料的规格、制造、生产,以及砖瓦窑的建造方法。

第十六至二十五卷是诸作“功限”，详尽地规定前三至十五卷中所述各工种中各种构件，各种工作的劳动定额。

第二十六至二十八卷是诸作“料例”，规定了各作按构件的等第、大小所需要的材料限量。

第二十九至三十四卷是诸作图样，有“总例”中的测量仪器，石作中的柱础、钩栏等；大木作的各种构件，斗拱，各种殿堂的地盘（平面图），侧样（横断面图）；小木作的若干种门、窗、钩栏、佛、道帐、经藏；雕木作的一些雕饰和各种彩画图案。至于旋作、锯作、竹作、瓦作、泥作、砖作、窑作，就都没有图样。

在34卷外，前面还有目录和看详，各相当于一卷。“看详”的内容主要是各作制度中若干规定的理论和历史传统根据的阐释。总的来看，《营造法式》的体例是首先释名，次为诸作制度，次为诸作功限，再次为诸作料例，最后为诸作图样。全书纲举目张，条理井然，它的科学性和系统性是古代典籍中罕见的。

《营造法式》于崇宁二年（公元1103年）奉旨“用小字镂版”刊行。南宋绍兴十五年（公元1145年），由秦桧妻弟、知平江军府（今苏州）事提举劝名使王晚重刊。宋代仅有这两个版本。崇宁本的镂版显然在北宋末年（公元1126年）在汴京被金人付之一炬，所以尔后20年就有重刊的需要。

据记载，除明代永乐大典本外，还有抄本三种，镂本一种。清代亦有若干传抄本。至于翻刻本，见于记载者有道光间杨墨林刻本和山西杨氏连筠簃丛书刻本(似拟刊而未刊),但都未见流传。后世的这些抄本、刻本,都是由绍兴本影抄传下来的。由此看来,王晚重刊《法式》,对于《法式》之流传有不可磨灭之功。

民国八年(公元1919年),朱启钤先生在南京江南图书馆发现了丁氏抄本《营造法式》,不久即由商务印书馆影印(简称丁本)。现代的印刷术使得《法式》比较广泛地流传了。

其后不久,在由内阁大库散出的废纸堆中,发现了宋本残页(第八卷首页之前半)。于是,由陶湘以四库文溯阁本,蒋氏密韵楼本和"丁本"互相勘校;按照宋本残页版画形式,重为绘图,镂版,于1925年刊行(简称陶本)。这一版之刊行,曾引起国内外学术界的极大注意。

1932年,在当时北平故宫殿本书库发现了抄本《营造法式》(简称"故宫本"),版面格式与宋本残页相同,卷后且有平江府重刊的字样,与绍兴本的许多抄本相同。这是一次重要的发现。

"故宫本"发现之后,由中国营造学社刘敦桢、梁思成等人,以"陶本"为基础,将其他各本与"故宫本"互相勘校,又有所校正。其中最主要的一项,就是各本(包括"陶本")在第四卷"大木作制度"中,"造栱之制有五",但文中仅有四,遗漏了"五曰慢栱"一条46字。惟有"故宫本"这一条独存。"陶本"和其他各本的一个最大的缺憾得以补偿。

从30年代开始,梁思成先生就对《营造法式》进行研究,1983

年秋出版的《营造法式》注释本卷上保持了梁思成先生亲自撰写或审定过的“文字注释”部分的本来面貌和风格，并补充了一些梁思成去世后得到的新材料。

《营造法式》是对宋以前中国2000年的木架结构建筑的经验总结。它是宋代生产力的发展以及追求改革的时代精神的具体体现。英国科学史家李约瑟曾对《营造法式》作过这样的评价：“为什么1103年的《营造法式》是历史上的一个里程碑呢？书中所出现的完善的构造图样颇见重要，实在已经和我们今日所称的‘施工图’相去不远。李诫绘图室的工作人员所作出的框架组合部分的形状表示得十分清楚，我们几乎可以说这就是今日所要求的施工图——也许是任何文化中第一次出现。我们这个时代的工程师常常对古代和中世纪时候的技术图样为什么这样画而觉得不解，而阿拉伯机械图样的含糊就是众所周知的事。中世纪的大教堂的建筑者是没有较好的制图员的，15世纪的德国，即使是达·芬奇本人，只不过是提供较为清楚的草图；虽然有时候也是十分出色的，西方是无法与《营造法式》相较量的。我们必须面对欧几里德几何学的事实(欧洲有而中国无)，视觉的形象在文艺复兴时代已发展成为光学上的透视图，作为现代实验科学兴起的基础，至少在建筑构造上却没有能力使欧洲产生超过中国的、在图面上良好的施工图。”

(刘克明)

《授时历》郭守敬

《授时历》是我国古代最优秀、最精确和施行时间最久的一部历法。它集中国古代历法之大成,开科学研究方法之先河,创天文学史上多项世界纪录。它和作者王恂、郭守敬一道,成了中华文明史上一颗璀璨的明珠。

郭守敬,字若思。河北邢台人。生于元太宗三年(1231年),卒于延祐三年(1316年)。约1247年,17岁的郭守敬入刘秉忠门下,研习天文、数学、地理等知识。同窗的还有著名学者张文谦、张易以及小他四五岁、天资聪敏、才华出众的王恂,后来他们都先后参与了《授时历》的编制。1251年,郭守敬在家乡邢台参与一项河道疏浚规划工作,妥善设计了其中的关键工程,初露头角。1260年到河北大名任职。1262年晋见忽必烈,受到重用,先后出任副河渠使、都水少监、都水监、工部郎中等职,负责全国河渠、水利的治理工作。1276年与王恂一道主持太史局工作,负责新历法的修订。1286年升任太史令。1291年受命兼管都水监工作。1293年又兼提调通惠河漕运事。1294年,因他在天文历法和水利工程建设上的杰出贡献，被任命为昭文馆大学士，并兼管太史院工作。1303年请求退休未准。1316年卒于任上，终年86岁。

王恂比郭守敬小四五岁，是郭守敬编制《授时历》的主要合作者。他曾任太子赞善。1279年升任太史令，为筹建皇家天文台、从事天文观测作过重要贡献。可惜的是英年早逝，《授时历》还未整理完毕，就抱病而终，使郭守敬痛失了一位最得力的帮手。

《授时历》的编制过程大致分为三个阶段：

第一阶段为准备阶段。1276年，元世祖忽必烈诏令编制新历法，并为此设立了专门的机构——太史局，任命王恂、郭守敬为主要负责人。先后参与改历工作的还有张文谦、张易、许衡、杨公懿等人。1280年初步完稿。这一期间，郭守敬主要研究了自西汉以来的70多种历法，分析其长短得失。在他看来，要使新历法更为准确和科学，就必须使用精确、简便、合用的天文观测仪器。为此他设制了简仪、候极仪、立运仪、高表、景符、窥几、仰仪、赤道式日晷、星晷定时仪、浑天象、证理仪、日月食仪、玲珑仪、正方案、丸表、悬正仪和座正仪等17种天文观测仪。1279年，他又负责筹建规模宏大的皇家天文台并落成。接着组织进行了一次全国规模的天文观测。当时共设有27个观察点，遍及全国。东起朝鲜半岛、西抵川滇与河西走廊，南及南中国海，北尽西伯利亚。这就是著名的"四海测验"，从而为编制新历提供了大量精确可靠的数据。

第二阶段为整理材料阶段。1281年，《授时历》颁行天下。但因时间紧迫,《授时历》所采用的天文数据、天文表格以及推算方法都还未经缜密的考定,只是一堆未经整理的草稿。翌年,王恂、许衡、张易等也已先后逝世,全部整理工作完全由郭守敬一人承担。又经 4 年的艰辛努力,郭守敬撰成了《推步》7 卷、《立成》2 卷、《历仪拟稿》3 卷、《转神选择》2 卷和《上中下三历注式》2 卷,初步整理完《授时历》中的有关资料。

第三阶段为完善阶段。1286 年,郭守敬升任太史令,继续完成天文历法的研究工作。先后著有《时候笺注》2 卷、《修改源流》1 卷、《仪象法式》2 卷、《二至晷景考》20 卷、《五星细行考》50 卷、《古今交食考》1 卷、《新测二十八舍杂座诸星入宿去极》1 卷、《新测无名诸星》1 卷、《月离考》1 卷。这些成果与第二阶段写的各卷一道,构成了一个十分严密和完整的天文历法巨著。《授时历》完成后,一直沿用到明代末期,历时 364 年(1281—1644 年)。

《授时历》的修订与颁行,对于中国政治、科技发展的影响是十分明显的。具体说来,主要有以下几个方面:

第一,《授时历》集古代历法之大成,开后世新法之源头。

我们知道,中国历代统治者都十分重视历法的制定工作。一是因为天文历法直接与农业生产和人们的日常生活密切相关,二是“天人合一”的儒家思想已经渗透到社会文化与民族心理的深层,具有广泛的市场。封建统治者和广大劳动人民都习惯于用天象解释人间的种种复杂现象,似乎两者之间存在着某种千丝万缕的对应关系。因此历代王朝更替过程中，统治者往往把修订新历法作为其政治生活中的一件大事，从而客观上也推动了我国古代天文学的不断发展。据统计，元代以前制定的历法差不多有八九十种，其中属于创作的有几十种，如颛顼历、太初历、乾象历、景初历、元嘉历、大明历、皇极历、戊寅历、符天历、麟德历、大衍历、宣明历、崇元历和统天历等。而最著名的仅有三种，即太初历、大衍历和授时历。郭守敬在编制《授时历》过程中，曾经研究过历史上的近70种历法，对其中最优秀的部分加以肯定，同时也剔除了其中的非科学成分。太初历曾假托于莫须有的黄钟，大衍历则附会于神秘的易象，授时历除了继承其中的合理部分外，统统揭去了各种神秘面纱，唯据晷影和具体实测结果编制而就。

《授时历》中所考证的有七事，即冬至4岁余、日躔、月离、入交、二十八宿距度和日出入昼夜刻；独创的计算方法有五种，即用立招差，求月行转分进退及迟疾度数；用勾股弧矢法，求黄赤道差；用圆容方直矢接勾股之法，求黄道去极度；用立浑比量，求白赤道正交与黄赤道正交之距限。其中尤以用招差法创立内插公式，推算日月五星的运行度数更具世界意义。以往的天文学家都认为日月五星的运行速度在相当短的时期内是等加速或等减速的。郭守敬指出，日月五星的运行速度是时间的二次函数，在某一时间内的共行速度是时间的三次函数。郭守敬创立此法用于历法测算，其精确度自然很高。1670年英国数学家格列高里也创立了利用累次差数的内插公式，但已比郭守敬晚了将近400年的时间。

此外，我国古代历法一般用分数来表示天文数据的奇零部分，计算时颇为麻烦。唐代虽然已用十进小数概念，但却没有引起天文学家的普遍重视。郭守敬在编制授时历时，全面改用十进小数，将一日分为一百刻，一刻分为一百分，一分分为一百秒；弧度一度也为一百分，一分为一百妙。秒以下分有微、纤等，名一律从百进。这样给计算带来很大方便。《授时历》还一改以往历法中惯用的上元积年为实测历元积年，并根据连续四年来的实测结果确定了当年的“气应”值（实测历元年冬至时刻与前甲子日夜半之间的时距）、“转应”值（实测历元年冬至时刻与其前月亮过近地点时刻的时距）、“闰应”值（实测历元年11月平朔时刻与冬至时刻间的时距）、“交应”值（实测历元年冬至时刻与其前月亮过黄白降交点时刻间的时距）、“周应”值（实测历元年冬至时刻太阳所在宿度与赤道虚宿六度之间的度距）、“合应”值（实测历元年冬至时刻与其前五星平合时刻之间的时距）和“历应”值（同实测历元年冬至时刻与五行星过日点时刻间的时距相关的一组数据）。以上数据统称“七应”值，即15种天文数据与历元年冬至时刻间的时距或度距，这些数据是历法计算的起算点群组，是制定新历法必备的前提条件和科学依据。这些实测结果的精确度在当时堪称世界之最，即使与今天的观测结果相比，其误差也十分微小。例如《授时历》以365.2425日为一回归年，这与现在通用的格里历相同；《授时历》中表明的黄道平面与赤道平面的夹角与美国纽康的公式计算值只差122.5；《授时历》所确定的1280年的冬至时刻为12月14.06日，这与现在的理论计算值完全吻合。因此，精确的观测数据和合理的计算方法，使《授时历》成为我国古代众多历法中的佼佼者。诚如有的史学家所指出的那样："《授时历》不用积年，一凭实测，故自元迄明，承用三四百年，法无大差；以视汉、晋、唐、宋之屡差屡改，不啻霄壤。故曰授时集诸家之大成，盖自西历以前，未有精于授时者也。"事实上，明初的大统历完全是《授时历》的翻版，因此《授时历》在中国历史上使用的时间最长，影响也最大。18世纪的法国天文学家拉普拉斯就曾在自己的著作中引用过《授时历》中的有关数据，传教士汤若望称郭守敬为"中国的第谷"。其实郭守敬比第谷早了三个世纪，称第谷为"丹麦的郭守敬"才符合史实。

第二，将科学结论与技术设计建立在科学实践的基础上，让科学与技术、理论创新与观测实验密切配合，同生共长，是《授时历》的又一特色，从而为我国天文学的健康发展指明了方向。郭守敬认为："历之本在测验，而测验之器莫先仪表。"这是他在接受改造历法任务伊始就提出的基本思想。随后他倾心创制各种观测仪，进行大规模的"四海测验"，此次观测南北统长1万多里，东西绵延5000余里，其地域之大，规模之大，在历史上都是空前的。为了确保历法既能验今，又能通古，他对有关日月五星之行，晷影漏刻长短，气朔之早晚，日月食的初亏、食甚和复圆时刻、恒星宿度之广狭等都一一加以推验。如对于交食时刻，他规定以“同刻者为密合，相较一刻为亲，二刻为次亲，三刻为疏，四刻为疏远”。根据这一标准，郭守敬推验了历史上45次月食亏初、食甚、复圆的时刻记录，发现18处密合，9处亲，9处次亲，平均误差有一刻，由此可见其观测和检验工作的深度与广度了。将仔细的观测结果作为建构科学理论的根据，将精密的天文仪器用于获取第一手材料，将合理的计算方法用于处理各种数据，是郭守敬工作的指导思想与一贯原则。《授时历》正是这一思想原则的体现，使之成为近现代自然科学研究方法的滥觞和科学发展的基本方向。

第三，大规模的天文仪器制作和天文观测活动，使得一大批工匠和政府官员投入到科学研究的行列，客观上扩大了古代天文知识的传播。为了获得精确的天文观测数据，郭守敬设计制作了17种新型天文观测仪。这些仪器在天文望远镜使用之前，无论是设计的精巧性，使用的便易性，还是结构的完美性和观测的精确性方面都堪称世界之最。仅以简仪为例，它由两组彼此独立的仪器组成，第一组是用于观测天体的去极度、入宿度和地方真太阳时的赤经环、赤道环和百刻环组成。其中赤道环和百刻环重叠安置，二者之间平放四个圆筒形短铜棍，这是世界上滚筒轴承的最早利用，也是世界上最早的大赤道仪。第二组是由阴纬环和地平环组成的地平坐标装置，用于测量天体的地平高度和地平方位角，这与近现代的地平经纬仪相当。两组仪器具有统一的底座，又相距甚近，如此错落有致，浑然一体，显示了郭守敬在天文仪器设计上的聪慧与才能。仪器设计好以后，郭守敬以太史局的名义请来了许多高明的工匠，搭起了高大的木棚，刨木刻板，冶铁铸造。在制作中，郭守敬亲临现扬，说明构思，讲解要领，面面俱到，使得工匠们不仅谙熟其技术操作上的旨意，而且也初步了解了部分天文学知识。在“四海测验”过程中，郭守敬负责了北京、河南登封等三处的观测工作，其余24处则由郭守敬授意下的其他官员负责。据统计，这次观测工作是中国古代规模最大的一次，先后由14名高级官员参加，数百名普通官员也介入其中进行各种观测事宜。众所周知，中国古代的天文学研究工作历来由官方的专门机构操持，其研究结果十分保密，即使一些高级官员也无从了解，更不要说一般官员和芸芸百姓了。因而郭守敬的工作在客观上对于扩大天文知识的传播起了一定的作用。

第四，郭守敬的实事求是的科学态度和坚韧不拔的科学精神以及改革进取的科学勇气在《授时历》中得到了最好的体现，从而为广大后来者树立了楷模。我们说，科学活动是一项严肃认真的事业，来不得半点的轻率和虚妄。郭守敬以他出众的天资、勤奋和科学的思维方法在科学园地不懈耕耘了50多个春秋，从仪器设制到天文观测，从数据处理到理论构思，从编制历法到传播知识，无不精细严实，一丝不苟。他相信只要“能精思密索，心与理会，则前人述作之外，未必无所增益”。他尊重古人，但不泥古不化。这种“至理所在，奚恤乎人言”的革故鼎新的科学勇气也在不断激励着广大的后来者。

第五，《授时历》的编制是我国古代科技组织管理上成功的典范。现在人们习惯于将卢瑟福、玻尔、奥本海默视为科技组织管理上的成功典范，其实700多年前中国的郭守敬就曾是一位杰出的科技组织管理专家。他在编制《授时历》过程中，以他强烈的集体意识、谦和虚心的态度以及出色的组织管理才能，使一个庞大的科学集体能协调有效地运转。《授时历》能在短时间内编制成功，部分地还应归功于郭守敬的组织管理。《授时历》与作者郭守敬一道，受到国际天文学界的高度评价。1970年国际天文学会将月亮背面上的一个环形山命名为“郭守敬山”，这也是《授时历》及其作者应得的荣誉和嘉奖。

（熊登榜 刘秋华）

《西厢记》 王实甫

在中国古代剧坛上，堪与关汉卿比肩而立，成为元代杂剧作家代表的只有王实甫。他的杰出的杂剧《西厢记》自问世以来，就光照剧坛，使无数青年男女为之倾倒、为之痴迷。就以爱情为题材的杂剧而言，《西厢记》可以说是一座巍巍丰碑。

王实甫，名德信，大都(今北京)人。生卒年月和经历因资料太少，难以确定，至今仍和许多戏曲小说家的生平一样，给后世留下了考订的难题。元末明初的贾仲名在他为王实甫所作的《凌波仙》吊词中，对王实甫的生活及成就有一概括：

风月营，密匝匝列旌旗。莺花寨，明飚飚排剑戟。翠红乡，雄赳赳施谋智。作词章，风韵美，士林中等辈伏低。新杂剧，旧传奇，《西厢记》天下夺魁。

从这首词中可以看出，王实甫显然是一位熟悉勾栏生活、又熟稔歌台舞榭艺术的剧作家。

王实甫创作丰富，据《录鬼簿》和《太和正音谱》等著作，王实甫所作杂剧共 14 种，它们是：《西厢记》《丽春堂》《破窑记》《芙蓉亭》

《贩茶船》《于公高门》《七步成章》《进梅谏》《丽春园》《陆绩怀桔》《双蕖怨》《娇红记》《多月亭》《明达卖子》。其中多数皆佚，全存的仅有《西厢记》《丽春堂》、《破窑记》三种，各存曲一折的有《贩茶船》《芙蓉亭》两种。此外，王实甫还创作过不少散曲，但流传极少，仅存《十二月尧民歌》一首和几句残曲，虽还有署名王实甫的散曲，可真伪难定，故不足为信。

《西厢记》是中国古代戏曲中一颗光辉灿烂的明珠，是王实甫的代表作。其故事源于中唐诗人元稹的传奇《莺莺传》。由于故事本身适应了当时文人的情趣和思想意识，加上元稹的文名，在当时得到广泛应和。除元稹本人又写了《会真诗三十韵》外，其友人李绅写了《莺莺歌》，白居易等人也作诗唱和咏叹。以后由于各种不同的说唱、戏剧形式的传播，崔、张的故事已家喻户晓，老幼皆知。士大夫文人极谈幽玄，以此为美话，倡优女子皆能调说大概。宋时一些文人如秦观、毛滂等也曾以歌舞曲形式吟咏其事；赵令畤用鼓子词，写了《商调·蝶恋花》“会真记”，在《莺莺传》的基础上，有所创新。到金章宗时，董解元又将崔、张故事改编为《西厢记诸宫调》，这就是通称的《董西厢》，他把原来不到2000字的传奇文，扩展到8卷约6万字的长篇讲唱文学，不仅增加了人物，使故事更曲折，而且将主题也改变了，使之更富意义。宋时还有官本杂剧、段数《莺莺六么》、金院本《红娘子》，南戏《崔莺莺西厢记》。到元统一中国后，上述各种流行的戏曲、讲唱，在大都、杭州等地相汇聚，南北戏曲得到交流，为王实甫写《西厢记》提供了可借鉴、创新的基础。他集中了前人的成果，经重新改造加工，创造了一部五本多折的连续演出的杂剧，使《西厢记》的内容形式臻于完美，成为一出千古绝唱。

《西厢记》的版本之多，在中国戏曲史上可谓前无古人。据有人统计，仅弘治以来的明刊本就有 60 多种，已发现存世的近 40 种。流行广有代表性的有十几种。如明弘治十一年北京岳氏刊印的《奇妙全像注释·西厢记》、明王骥德校注万历年间香雪居刊印的《新校注古本·西厢记》、明万历年间陈长卿刊印的题“李贽、王世贞评”的《元本出相北·西厢记》、明魏浣初评陈长卿印刊的《新刻魏仲雪先生批点西厢记》、明郑国轩校崇祯三年文立堂出的《新镌绣像批评音释王实甫北西厢真本》、明张深之校崇祯十二年刊出的《张深之先生正北西厢秘本》、明崇祯间汇绵堂印的题“汤显祖、李费、徐渭”评点的《三名家合评本西厢记》、明凌初成校、暖红室覆明崇祯间凌氏刊出的《即空观鉴定西厢记》、明毛晋校崇祯间汲古阁刊《六十种曲》中的《西厢记定本》、清金人瑞(圣叹)评、清初刊印的《贯华堂注释第六才子书》、清毛甡评诵芬室影印清初刊本的《毛西河论定西厢记》。上述各本，明刊本中，弘治本是可见到的最早最完整的本子，有图像和注释且附有后人题咏的诗词，影响很大。清代本以金圣叹批改本流传广，但擅加腰斩改动，影响不好。1949 年后，《西厢记》校注本出版了好几种，其中王季思校注、古典文学出版社 1957 年出版的以及王季思补校、中华书局 1958 年出版的本子甚为流行,又吴晓玲校注、作家出版社 1954 年出版的《西厢记》也是现今通行的版本。

《西厢记》叙述的是张君瑞和崔莺莺的恋爱及其反封建斗争的故事。崔相国死后,其妻相国夫人及其女儿崔莺莺扶柩回原籍安葬,因故羁留在河中府普救寺里。书生张君瑞上京应举,经过普救寺,在佛殿上与莺莺相遇,见莺莺生得天姿国色,顿时意乱情迷,一见钟情,遂向寺主租下僧房半间住了下来。经过花园联吟,道场相窥,二人相互留情。武将孙飞虎风闻莺莺美若天仙,便起占有之心,带领 5000 人马兵围普救寺,全寺上下一片惊恐。崔夫人见无计解围,便在法堂上发愿,谁能退贼解困,就许莺莺为妻。张生欣然应答下来,修书给至交好友白马将军杜确,解了贼兵之围。崔张二人以为夫人将兑现承诺,好梦将圆,共结连理。没想到崔夫人撕毁诺言,设宴让莺莺给张生敬酒。欲以兄妹相称,以赖婚事。莺莺不肯相从,掷杯以示反抗,抱怨母亲“口不应心”“谎到天来大”,拆散自己的婚姻。张生见好事受阻,也愁思致病。莺莺派红娘探望张生,张生以书简相托,表明相思之苦,莺莺回信,以“明月三五夜”诗相约。张生夜间前来赴约,莺莺却反责张生非礼。张生病况从此渐重,卧床不起。红娘领莺莺一道去探视,莺莺与张生便趁机私订终身,结下百年之好。日久之后,崔夫人得知,便拷问红娘。红娘无奈,将其中隐私和盘托出,且数落夫人言而无信,以致发展到私情相偷。相国夫人理屈辞穷,见木已成舟,只好应允崔张二人成为夫妻。但她碍于门庭的尊严,又提出新条件,张生必须应举高中状元,否则婚事免谈。张生无奈,又无法拒绝,只好被迫与莺莺忍痛别离,上京应试,果然状元及第。然而这时莺莺的表兄郑恒又在崔夫人面前挑拨离间,欲破坏崔张的婚姻,造谣说张生已被卫尚书招为快婿。直到张生回来,方真相大白。郑恒无地自容,触树而死,张生始与莺莺结成美满夫妻。

《西厢记》通过崔莺莺和张生的自由恋爱,在红娘帮助下,以执著的精神,战胜相国夫人阻挠破坏的故事,反映了中国封建社会中期青年男女反对封建婚姻制度、勇敢地同门阀观念决裂、要求自由择配的强烈愿望,揭露了以崔夫人为代表的封建卫道者的虚伪与残忍,歌颂了青年一代对封建势力所作的斗争,提出了“愿普天下有情的都成了眷属”这一美好的婚姻理想。

作品着力塑造了莺莺、张生、红娘这几位典型形象。莺莺是一个温柔深沉、深情幽静的贵族少女。她长得国色天香,“针黹女工、诗词书算”,无所不能,既有大家闺秀的贤淑,又有贵族少女的文才。然而她受礼教的拘束太多,寂寞的闺中生活必然会引起她内心的孤苦,尤其是父母包办把她许给花花公子郑恒,更加深了她内心的苦痛。因此,遇到青春年少的张生,青春觉醒了,爱的心苗萌发了。一见钟情,私下约会到暗订百年之好,都表现出了一个少女的纯真与追求幸福的勇气。在和张生的恋爱过程中,在与老夫人的明争暗斗中，她既显示出了一个大家闺秀的矜持与稳重，又显示出了一个贵族少女难能可贵的独特的叛逆精神。这种恋爱方式和斗争策略，与她的身份是吻合的，表现出的是机智与聪慧。作品还突出了她敢于打破门第偏见，义无反顾地去爱一个没落家庭的穷书生，不求荣华富贵，不附任何条件，说明了她对爱的追求与执著。这一形象虽有理想化的成份，但她毕竟寄托了一种合理的愿望。

张生形象也极富个性。他出生于家道衰落的官宦人家，是一个落魄的怀才不遇的书生。《西厢记》围绕他对莺莺的追求，从不同方面展示了他的性格特征。他直率甚至近于鲁莽，一见莺莺，为之倾倒，为情所驱，不顾书生身份和自己的处境，想方设法接近莺莺，具有多情种的特性。他单纯得至于轻信，老夫人赖婚对他来说，无异五雷轰顶，表现出他涉世未深而又一往情深的单纯心性。他机敏而非愚钝，初见莺莺就能从对方的眉目流盼、举止言行窥测出莺莺对自己的衷情和刚强的性格。他见义勇为，虽是为情所动，然而却表现出了为了爱而不顾身家性命的牺牲品质。他蔑视功名，忠于爱情，有爱情至上的倾向，但他在老夫人逼他上京应考夺取功名时，又能显示出男儿的志气，忠贞爱情与反抗各种破坏干扰的精神就统一在他的身上。总之，忠诚、正直、正义是他性格的核心，可笑痴呆而又可爱，鲁莽直率又令人可亲，从他身上，同样可以看到那个时代青年的爱情理想。

红娘是中国文学史上第一个成功的奴婢形象。她机灵、富有正义感和同情心，她主动大胆支持崔、张的爱情活动，敢于见义勇为，对抗相国夫人，在"拷红"戏中，她的性格的闪光点全部迸发出来。在老夫人的拷问下，一方面迫于威势，将崔、张隐情如实相告，一方面又强辩力争，以老夫人言而无信为理由，反戈相击，显示出聪明的特点和侠肝义胆。在她身上集中体现了下层人民自发的冲击礼教的精神及美好品质，因而受到后世人民的交口称赞。

《西厢记》在艺术上具有很高的成就，使它成为中国古典戏剧的现实主义杰作，为明清以来的戏剧创作提供了宝贵的经验。王实甫善于根据人物的性格特征来展开错综复杂的戏剧冲突，塑造人物形象；情节安排曲折复杂，全剧一波三折，波澜壮阔，而又一气呵成，结构完整，剧情引人入胜，具有很强的舞台生命力；作者善于描绘景物，制造氛围，抒情与写景统一和谐，心理刻画与环境渲染融为一体，诗情画意浓厚，词语优美生动；作者对杂剧体制也有所革新和创造，将杂剧一本四折、每折由一人唱到底的通例，改造为五本二十一折，且部分打破了一折一人唱到底的束缚，为杂剧艺术的发展作出了贡献。

《西厢记》具有广泛持久的影响。自它问世以来，就得到戏剧家、评论家的高度赞赏。明人都穆说"北词以《西厢记》为首"(《南濠诗话》)，王世贞称《西厢记》为北曲的压卷之作，王骥德认为杂剧南戏之中"法与词两擅其极，唯实甫《西厢》可当之"，称为"千古绝技”(《曲律》)。明代著名思想家李贽在《焚书》中,对《西厢记》出神入化的艺术技巧发出由衷赞叹;清代戏曲家李渔更下了这样一个结论:“自有《西厢》而迄于今,四百余载,推《西厢》为填词第一者,不知几千万。”(《闲情偶寄》)

舞台演出是剧本生命力强弱的检验标志。《西厢记》自元贞、大德年间在元大都舞台演出后,逐渐推向全国,使得同类题材的北曲诸剧相形见绌。胡应麟说它“才情既富,节奏弥工,演习梨园,几半天下”,可见影响之深广。明中叶后,王实甫的原本演出渐少,但南曲改编本却陆续出现。其中李日华改编的《南西厢》最为流行,将原来早期南戏中同一题材的剧作掩之无形。这些都证明了一个事实:《西厢记》在人民群众中有极强的艺术生命力。

对戏剧创作,《西厢记》也显示出了超凡的影响。从元代郑德辉的被称为“小西厢”的《㑳梅香》、无名氏的《东墙记》,到明代高濂的《玉簪记》、清人李渔的《风筝误》,都可找到《西厢记》影响的痕迹。他开创的青年男女密约幽期,反抗家长专制,最后走向喜剧大团圆结局的模式,竟形成后世的一个基本套路。虽然渐成俗套,但责任不在王实甫,而在后世文人的刻意效法缺少创意。总之,明清以来以爱情为题材的戏剧受其影响,几乎是普遍的现象,即使爱情小说,如《红楼梦》也都不同程度地留有《西厢记》的某些印记,至于其他遍及天下的言情小说,受其才子佳人恋爱格局的影响,更是不胜枚举。

人民群众的喜爱，必然引起封建统治者的嫉恨。明代，统治者出于维护统治需要，诬蔑《西厢记》为“诲淫”之作，下令禁毁以清除影响；清代统治者甚至借神明之力进行天讨。但是，这一切都是白费心思。动人心魄，能产生巨大共鸣的《西厢记》在人民大众中，仍不胫而走，显现出难以扼杀的生命力。明代有众多的《西厢记》刊本留世，清代竟有人借朝廷命译经典之机，偷偷将《西厢记》译成满文，在不懂汉文的满人中传读。这足以说明《西厢记》是禁不住毁不掉的，即使最高统治者下令禁毁，也无法阻止《西厢记》在民间的流传。

自19世纪末开始，《西厢记》就被译成拉丁文和英文，虽是零折翻译，但毕竟开始走出国门走向世界。迄今为止，已有多种文字的译本在各国出现。上海越剧团曾赴前苏联和东欧等国演出该剧，获得广泛好评。可见，《西厢记》已成为世界文学宝库中的一颗明珠，用一日本汉学家的话说，它已“成为世界戏剧史上的伟大文学作品了”。

（何锡章）

《本草纲目》 李时珍

明代李时珍的《本草纲目》是中国古代药物学的集大成著作。它既是中国古代药物学著作的代表，同时也是中国古代生物学著作的代表。

李时珍，字东璧，晚年自号濒湖山人，故人称李濒湖。家住蕲州，即今湖北省蕲春县蕲州镇，生于明正德十三年(1518 年)，卒于万历二十一年(1593 年)。

李时珍出身中医世家，祖上四代皆为名医。其父李言闻，字子郁，号月池，曾为朝廷太医院吏目，晚年辞官归里，在本乡玄妙观设诊，治病救人，普济乡里，德高望重，名噪一方。囿于封建观念，他希望李时珍能熟读经书，金榜题名，居官为宦，光宗耀祖。秉承父命，李时珍足不出户，埋首四书五经。他聪颖过人，14 岁考中秀才，乡邻称之为神童。可是，他 17 岁、20 岁、23 岁连续三次乡试不中，使他对科举心灰意懒，于是转而学医，决意子承父业，“不为良相，便为良医”。

李时珍本是出身名医世家，加之聪颖好学，医术进步很快。有一年蕲州发大水，灾后疫病流行，饿殍遍野。年轻的李时珍怜黎民百姓之苦，毅然走出家门，不辞劳苦，悉心救治病人，医名传遍大江南北。

嘉靖三十年(1551年)，楚王朱英裣闻李时珍医术高超，聘他为楚王府祠正，兼管医疗事宜。因治愈了楚世子暴疾，楚王又将他荐于朝廷，授太医院院判。太医院里藏书浩瀚，李时珍用心苦读，医药知识进一步丰富。

太医院虽是很多医家向往之处，但它主要是为宫廷服务。李时珍觉得，学医当以治病救人为己任，在太医院中难以施展抱负，勾心斗角更令他深恶痛绝。他在太医院供职只一年，便托辞返回故里。

李时珍通过研读古籍和行医实践发现，历代本草著作中“舛谬差讹遗漏，不可枚数”，例如枸杞，《神农本草经》中作枸杞，《尔雅》中作枸继，《抱朴子》中作天精，《名医别录》中作羊乳、仙八杖，《本草图经》中作甜菜，《本草衍义》中作枸棘，使人以为是几种不同药物。乌芋、慈姑原是两物，气味不同，主治亦异，而《名医别录》却将慈姑附于乌芋条下。水银乃阴毒之物，《神农本草经》《抱朴子》等书却说它是长生之药，许多贪图长生者服之，长生不成，反而早亡。《神农本草经》言栝楼实“苦寒无毒”，李时珍亲自检验后发现它“味甘，不苦”……如此等等，不胜枚举。李时珍认为，药物使用正确与否，人命安危所系，事关重大，于是立志编撰新的本草著作，纠正前代本草著作中存在的问题，“辨其可疑，正其谬误”，为民造福。

为了编好新的本草著作，李时珍以严谨的科学态度，广泛阅读古籍，详加考订，“耽嗜典籍，若啖蔗饴”。不但是历代本草著作必读，举凡“子、史、经、传、声韵、农圃、医卜、星相、乐府、诸家”“凡有相关，靡不备采”“稍有得处，辄著数言”。《本草纲目》参考的书目达800余种，李时珍读书之博，可想而知。

在“渔猎群书”的基础上，李时珍又“搜罗百氏，访采四方”，广泛进行实地考察。他不辞辛劳，长途跋涉，足迹遍及湖南、湖北、河南、安徽、江西、江苏、浙江、福建、广东等省。凡药材资源丰富的地方，他都力求走到，哪怕是穷乡僻壤，荒山野岭，冒生命危险也在所不惜。他知道，有很多问题，从书本上是考证不清的。为考察蕲蛇的生活习性，他数次登上蕲州的龙峰山，钻到山洞中观察。在武当山，他攀上悬崖，采得被称为“仙果”的榔梅，试验后发现它有生津止渴之效，服后成仙纯属无稽之谈。他登上庐山采得瑞香。他为研究矿工煤气中毒问题亲临煤矿。所到之处，他都很注意向当地人做调查。他从猎人那里知道了鹿和麇的区别，从渔人那里知道了鳣鱼的习性和捕捉方法，从车夫那里知道了旋花有“益气续筋”之功效，从村医那里知道牛膝根能治血淋。通过大量实地调查，李时珍弄清了许多仅靠读书考证不清的问题，增加了许多仅靠读书不能得到的医药知识。

经过近30年的努力，三易其稿，终于在万历六年(1578年)编成《本草纲目》，那时李时珍已是年愈花甲之人了。

《本草纲目》全书近200万字，内容浩繁，分为52卷。

正文之前，有明代著名文人王世贞写的“序言”和李时珍之子李建元将《本草纲目》献给朝廷时写的《进本草纲目疏》，介绍了本书编撰原委及重大价值。接下去是全书总目录，列出52卷的篇次：“凡例”十二条，说明此书编辑大义；药物附图1109幅，编排顺序与后面正文中药物编排顺序同。

正文内容可分为三大部分。第一至二卷是“序例”，阐述药物学理论，包括药物的采集、炮制、性味、用法、禁忌等。第三至四卷是“百病主治药”，分列113种病症的主治药物。第五至五十二卷，详载1892种药物，分为16部60类。对每一种药物，标一总名为纲，下列释名、集解、气味、主治等项为目，分别说明它有什么别名，它的产地、形态、习性、药用部位、采集炮制方法、药性和主要药效等，并有附方。所述内容皆注明资料出处。凡遇他认为前人论述有误之处，皆给以校正和辨析，即使对被奉为权威的《神农本草经》也不留情。

《本草纲目》的重要意义首先在于它是中国16世纪之前药物学知识的集大成。它收载药物1892种，其中374种是他新增加的，旧本草书中不曾介绍。旧本草书中附方共2935首，《本草纲目》新增附方8161首，增加近三倍。对每一种药物的论述，其内容也是前代本草的集大成。在扩充本草内容方面，李时珍的贡献是空前的。

李时珍对中国古代药物学发展的另一个重要贡献，是彻底废除了上中下三品的药物分类，代之以一种比较科学的分类方法。

上中下三品的药物分类方法，始于《神农本草经》。三品的含义是什么？该书《序录》中说：

“上药一百二十种为君，主养命以应天，无毒，多服久服不伤人。欲轻身益气、不老延年者本上经。

中药一百二十种为臣，主养性以应人，无毒有毒，斟酌其宜。欲遏病补虚羸者本中经。

下药一百二十五种为佐使，主治病以应地，多毒，不可久服。欲除寒热邪气，破积聚愈疾者本下经。”

三品分类是一种原始的药物分类方法，其不科学之处显而易见，受秦汉时代炼丹服石、追求长生之风气影响很深。雄黄、水银之类有大毒之物，皆被列入能延年益寿、轻身成仙的上品药。

陶弘景著《神农本草经集注》时，鉴于三品分类方法“草石不分，虫兽无辨”，特将药物按其自然性质，分为玉石、草、木、虫兽、果菜、米食等类，但每类之中，仍按上中下三品分类。这种既按自然性质分类、每类中又分三品的分类方法，为唐、宋本草著作沿用。因后来新增药物甚多，难以判断其究竟是上品、中品或下品，但又囿于三品分类旧例，只得“以类附见”，搞得分类体例混乱不堪。

李时珍以大无畏之革新精神，彻底抛开三品分类。他将1892种药物分为16部，依次是水、火、土、金石、草、谷、菜、果、木、服器、虫、鳞、介、禽、兽、人。为什么这样排列？依《本草纲目·凡例》所言，李时珍的依据是"首以水、火，次之以土，水、火为万物之先，土为万物之母也。次之以金石，从土也。次之以草、谷、菜、果、木，从微至巨也。次之以服器，从草木也。次之以虫、鳞、介、禽、兽，终之以人，从贱至贵也。"每部之下，又分若干类，共计60类。如虫部之下有卵生、化生、湿生诸类，草部之下有山草、湿草、水草、石草、苔草、芳草、毒草诸类。每一类之中，又把性质相近者排列在一起。例如，虫部卵生类中，蜜蜂、土蜂、大黄蜂、竹蜂、赤翅蜂等排在一起，它们皆是蜂；草部芳草类的当归、白芷、穹劳等排在一起，它们都是伞形科植物。

《本草纲目》的药物分类方式，还体现了先进的生物分类思想。自然界中万物按其发展程度，可以分为无机界、植物界、动物界三大界，《本草纲目》中16部的排列顺序正是体现了这一认识。动物界中按虫、鳞(鱼类和蛇类)、介(龟鳖类和蚌蛤类)、禽(鸟类)、兽(哺乳动物)的顺序排列，最后是人，"从贱至贵"，这与动物进化的顺序基本一致。植物界按草、谷、菜、果、木的顺序排列，"从微至巨"，这与现代植物分类差别较大，但是，植物界各部之下的分类，以及各类中的植物排列顺序，与现代植物分类方式有很多相似之处。例如,谷部稷粟类多是禾本科植物,菽豆类多是豆科植物,菜部水菜类多是藻类植物,芝栭类多是真菌等。《本草纲目》写成于1578年,它的生物分类方式是当时世界最先进的,远在欧洲人之上。所以说,《本草纲目》也是一部伟大的生物学著作。

就每一种药物来说,李时珍"苦志辨疑订误,留心纂述诸书",其论述是历代本草著作的集大成,提高了药物学知识水平,这也是《本草纲目》的一大贡献。每种药物,他都是先列出"正名"为纲,其他名称皆附于"释名"之下,并都注明出处。这既克服了药物命名中同物异名的混乱现象,同时又便于考查,头绪清楚。对窜入本草著作的许多荒诞不经的迷信和传说,李时珍毫不留情地给以批判。关于药物的形态、采制方法、药性等,李时珍也纠正了前代本草中的许多错误。

《本草纲目》1578年写成,1580年李时珍亲赴南京,与书商联系出版事宜,洽谈未果。他又专程赴太仓弇山园拜访著名文人王世贞,求其作序,欲借其声望,使《本草纲目》能引起重视。经过种种曲折,直到万历十八年(1590年),才由其长子李建中与书商洽谈成功。万历二十一年,《本草纲目》甫将刻成,李时珍与世长辞了,弥留之时,还念念不忘将书献给朝廷。万历二十四年,其次子建元遵父遗嘱,将《本草纲目》献给朝廷,但神宗皇帝仅批复"书留览,礼部知道"。李时珍原指望朝廷颁行《本草纲目》,终于没能实现。

《本草纲目》由于其自身的学术质量,问世后受到社会各界的重视。不但医药界许多人士奉为圭臬,不少一般人家也视为家珍收藏。从 1593 年开始刊行,到 1655 年,《本草纲目》已被翻刻了 9 次。如果算到现在,它的中文版本不下 60 版。

因《本草纲目》受到重视,影响很大,明清两代又出现了许多改编、节选、阐释和补充《本草纲目》的著作。其中有一些也流行较广,受到医药界欢迎,例如《本草选》《本草纲目必读》《本草备要》《本草纲目拾遗》等。直到现代,还有人在做这样的工作。

《本草纲目》在国外也产生了重大影响。1607 年,《本草纲目》传入日本,受到日本医家重视,并将之献给幕府首脑德川加康,被奉为"神君御前本"。为方便日本人学习《本草纲目》,日本学者很快又编写了《本草纲目注》《本草纲目启蒙》《本草和谈》等著作,阐释和注解《本草纲目》。日本学者认为,《本草纲目》支配了日本江户时代的本草和博物学。全译日文本《本草纲目》最早出现于明治维新时代,最新版本是 1979 年才出齐的《新注校定国译本草纲目》。

《本草纲目》18 世纪初传入朝鲜,受到李朝内局首席医师康君锡的推崇,他编写的《东医宝鉴》等书大量参考了《本草纲目》的材料。近世朝鲜医家编写的《本草纲目》摘要本《本草英华》,在朝鲜广为流行。越南、缅甸、印度、巴基斯坦、尼泊尔等国,也发现了不同版本的《本草纲目》。

《本草纲目》在 18 世纪上半叶也传至欧洲。中西医药学体系不同,《本草纲目》在欧洲主要是作为博物学著作发生影响。1733

年，法国人凡德蒙德访华时得到了《本草纲目》，他将其“金石”部译成法文，与他在中国采集的矿物标本一起交给法国科学院。以后又有法国传教士在华采集植物标本，并将《本草纲目》有关片断译出一并寄回法国。瑞典植物学家拉格斯特朗，把他在华采集的一千余种植物标本和《本草纲目》一书寄给了林奈，有理由推测《本草纲目》对林奈的植物分类发挥了影响。达尔文的著作中，引用了《本草纲目》中的资料。

1956年2月，郭沫若为重新整修了的李时珍墓题词，称李时珍为“医中之圣，集中国药学之大成”。李约瑟说，《本草纲目》是明朝最伟大的科学成就。这些评价，都是很中肯的。

（李思孟）

《天工开物》宋应星

《天工开物》是明末(1637 年)问世的一部讲述古代工农业生产技术的百科全书式的卓越著作。作者宋应星（公元 1587—约 1661 年),字长庚,江西奉新县人。其家族是当地“望族”,书香世家。幼时的宋应星与兄应昇同在叔祖宋和庆办的家塾中就读,初投师于族叔宋国祥,后就学于新建举人邓良知。因聪明强记,有过目不忘之才,深得长辈及先生喜爱。稍长,考入本县县学为庠生。万历四十三年(1615 年),宋应星与其兄宋应昇共同中举,被称为“奉新二宋”。1616 年入京会试时名落孙山,从此绝科举之念。崇祯七年(1634 年)宋应星任江西袁州府分宜县学教谕,这是他一生中的重要阶段,他的所有主要著作都是在这任教的四年中写作的。

除《天工开物》(以下简称《开物》)外,宋应星的科学著作还有《观象》《乐律》;人文科学著作有《野议》《画音归正》《杂色文》《春秋戎狄解》;介于科学和人文科学之间的著作有《原耗》《后言十种》;文学著作有《思怜诗》《美利笺》等。流传下来的只有《开物》《野议》《思怜诗》《论气》《谈天》五种。

明朝末年正是资本主义经济在我国开始萌芽的时代，史学家称这个时期为“天崩地解”的时代。从农业看，明代中期以后，耕地面积和单位面积产量都有所提高，作物品种得到改良和增加，农民在选育和推广良种、精耕细作、水利灌溉、肥田改土等方面都积累了丰富的经验。商品经济的发展使经济作物的栽培面积显著增加，有些地区还出现了专业化经营的倾向。《开物》记载了16种油料作物，并对它们的效用进行详细分析比较，正是对经济作物发展现状的反映。

明代后期的手工业不仅种类繁多，且已具备一定的规模，尤其是与国计民生关系较密切的冶金、陶瓷、纺织等最为发达。《开物》能用占1/4的篇幅讲述冶金和金属加工，也是手工业高度发展的见证。

商业的繁荣造就了众多的城市，也提供了物资大交流的机会。“滇南车马，纵贯辽阳，岭徼宦商，衡游蓟北”的事已屡见不鲜，一些巨商往往致富于数千里之外，“倏去忽来谁复知，乘时射利习成俗”。

明代农工商业的发展必然促进科学技术的发展。因为比家庭手工业规模更大、雇有数百人的工场手工业，要求用科学知识、较先进的设备、较少的消耗和更高的劳动生产率来组织生产，才能使业主得到更多的利润。这样，论述生产技术的书自然会受到欢迎，同时也需要有人对迅速增加的生产知识和技术经验加以总结。正如西方近代科学的产生是受到资本主义经济的刺激一样，明代资本主义的萌芽造就了《开物》。

从宋应星本人的素质看，他幼年熟读经史及诸子百家著作时，独推张载的关学，从中接受了唯物主义自然观，使他在科学上能正确看待各种事物。多次会试的失利，不仅促使他弃科举转向实学，而且在会试途中有机会对南北各地的农业和手工业进行科学考察，掌握了大量的丰富资料。在“穷究试验”及“凡事皆须试见而后详之”思想的指导下，他抛弃了“高谈性理、崇尚空疏”的学术传统，做出了重大成就。

《开物》初版本共3卷18章。上卷有6章，依次为“乃粒”“乃服”“彰施”“粹精”“作咸”“甘嗜”，内容多与农业有关。中卷有7章，依次为“陶埏”“冶铸”“舟车”“锤锻”“燔石”“膏液”“杀青”，多为工业技术，内容涉及砖瓦，陶瓷，铜钟、铜钱、铁锅铸造，船舶车辆，铁、铜器锻造，石灰、矾石、硫磺的烧制，提制油脂的方法，造纸工艺及设备。下卷有5章，依次为“五金”“佳兵”“丹青”“曲蘖”“珠玉”也属工业技术，包括金属矿开采冶炼，冷武器及火药制造，墨和银朱的制造，各种曲的制法，宝玉采取和加工。全书几乎包括了当时所有的农业、矿冶、铸造、纺织、食品加工、造纸、印刷及手工业生产部门。对每一个生产部门的原料品种、来源、生产操作过程、产品产量等都作了研究，对农业记载得尤其详细。在各章次序安排上按照“贵五谷贱金玉”的思想把农业置于全书之首，其次是工业各部门，珠玉放在最后。从分量上看，有关食品生产的内容占1/3篇幅，在生活中居重要位置的衣服、染色两项也占有1/7篇幅，工业生产的篇幅占1/4仅次于衣、食。书中还配有123幅插图，画面生动，比喻恰当，有立体感，很可能是根据宋应星调查时素描的画稿制版的。

学术界认为，《开物》一书有七个鲜明的特点：一是门类多，技术范围较广，包含了我国古代农业、手工业的各主要部门，这是任何一部文化典籍都无法与之相比的。二是既全面系统，又深入细致，既有一般性介绍，又重点突出。无论在广度、深度上，其他古代技术专著均无法与之相比。三是全书以描写生产过程、介绍技术要点为主，绝少空发议论。间有议论时，也是言简意赅，精辟之至。四是重视各种事物间的数量关系及其所引起的质量变化。五是坚持从客观事物的内部去寻找事物变化的客观规律。六是具有批判精神。七是重视人的自然属性，较好地阐述个人在自然界中的地位。这七条中重要的是第七条，即宋应星阐发的一种技术哲学思想，也是宋应星力图贯串全书的核心思想。何谓“天工开物”？作者为什么要起这样一个书名？“天工开物”可以理解成借“天工”（自然力）以开发万物。如何达到“借天工”的目的？办法只有一个，即通过技术。“通过技术从自然界中开发万物”正是宋应星力图要阐明的核心思想。

《开物》记述的铸钱工艺是古代文献中最为完备的。书中谈了制坩埚和铸型所用的材料:“凡铸钱熔铜之罐,以绝细土末(打碎干土砖砂)和炭末为之……凡铸钱模以木四条为空框。土炭末筛令极细,填实框中,微洒杉木炭灰或柳木炭灰于其面上,或熏模则用松香与清油。”(《冶铸》篇)文中提到“用干土砖粉”制作坩埚,是因为它已经变性,收缩率小,有机物质含量少,利于制作时成形和减少高温下的变形度。加入炭末是为提高坩埚的耐火度,同时可减弱坩埚成形和干燥时的收缩和开裂。这里记载的制坩埚工艺至今还在民间使用。铸型材料采用经过破碎、筛分的细砂土和木炭粉,这也是一种传统的造型材料,在战国初期已经使用。用杉木炭或柳木炭的粉末作分型剂是为脱模方便。脱模后用松香和清油熏烤,使铸型表面均匀覆盖一层烟黑,浇铸时产生还原性气体,有利于钱币表面光洁。此外,对制坩埚罐料的重量,土和炭的配比,坩埚尺寸,一坩埚可盛装的铜、铅重量,熔料放入的先后,如何用料制钱模,如何磨锉铸成的钱等在“冶铸”篇都有详细的记载和说明。

《开物》详细记述了我国汉代以后两种主要制钢工艺(炒炼法和灌钢法),而且对炒熟铁工艺的记载是今见文献中较早的专门技术性记载。卷十四“五金·铁”条说:“若造熟铁,则生铁流出时相连数尺内低下数寸筑一方塘,短墙抵之,其铁流入塘内。数人执持柳木棍排立墙上,先以污潮泥晒干,舂筛细罗如面,一人疾手撒摊,众人柳棍疾搅,即时炒成熟铁。其柳棍每炒一次,烧折二三寸,再用则又更之。炒过稍冷之时,或有就塘内斩划成方块者,或有提出挥椎打圆后货者。"这里把炒炼室与生铁熔炼室串联起来,生铁出炉后直接流入方塘炒炼,省去了生铁再加热工序,避免了燃料中硫在加热过程中进入金属的可能性。这是很先进的工艺。明以前,已有单室式炒炼,炒炉与生铁炼炉是各自独立的,自然比不上串联式的优越。宋应星不记载这种工艺,只记载串联式炒炼工艺,说明他对冶炼技术是很有鉴别能力的。宋应星记载的灌钢术比《梦溪笔谈》更为先进:沈括令熟铁为条状,《开物》中熟铁作薄片状,可增大生熟铁接触反应面;沈括令生铁置于熟铁之间,宋氏令生铁置于熟铁之上,因而熔化后可向下淋渗,增加了生熟铁接触反应的机会,减少生铁流失;沈括记载,入炉生熟铁料要用泥封,宋应星不再封泥,改用上盖破草履,下涂泥,大大简化了操作手续。

《开物》最早记述了火法炼锌的操作方法。这种方法可有效克服锌易挥发的困难, 使中国成为当时世界上唯一能大规模炼锌的国家。有了纯锌,铸钱才发展到以红铜与倭铅(即锌)合炼生成黄铜的技术阶段,使黄铜冶炼进入一个新的发展时期。

《开物》虽不是最早绘制拉杆活塞式风箱图的著作(宋元之际《演禽斗数三世相书》中画有一幅极简单的活塞拉杆式风箱图),但书中绘的风箱图数量之多、内容之详细、价值之重要则属第一。共绘制了近 20 幅拉杆活塞式木质风箱图, 从外形和气瓣所处位置看可分 4 类。在西方直到 18 世纪中期,一种以水作动力的箱式鼓风器才被广泛用于熔炉上，才有了和《天工开物》相当的风箱设备。西方最完美的鼓风机和近代改良泵都是中古时期中国活塞风箱的“仿制品”。

对白矾的焙制，东晋葛洪的《肘后卒救方》、梁代陶弘景的《本草经集注》虽都有记载，但以《开物》最为翔实明确。《肘后卒救方》的记载是“烧好矾石作末，绢囊贮……又用马齿矾石烧令三十尽，粉之。”《本草经集注》只提到“矾石色青白，生者名马齿矾。炼成绝白，名曰白矾。”这两本书都没有提到如何烧制，只有《开物》对如何垒料、如何烧制、如何结晶都给出了详细说明：“凡白矾，掘土取垒块石，层垒煤炭饼锻炼，如烧石灰样。火候已足，冷定入水。煎水急沸时，盘中有溅溢如物飞出，俗名蝴蝶矾者，则矾成矣。煎浓之后，入水缸内澄，其上隆结曰吊矾，洁白异常，其沉下者曰缸矾。轻虚如棉絮者曰柳絮矾。烧汁至尽白如雪者谓之巴石。方药家煅过用者曰枯矾云。”

至迟在战国时期，我国已开始用焙烧涅石法制造绿矾。做法大致与烧石灰相似，先以土坯砌墙成窑，在其中把涅石与煤垒叠起来，点燃焙烧，在空气供应不足的情况下，涅石(Fe)与氧作用生成绿矾(FeS)和硫气体。但这种工艺在早期的古籍中未见明确记载，惟《开物》作了清晰说明。书中还附有“烧皂矾图”一幅，把该工艺描绘得非常清楚。

《开物》提到了家蚕杂交种优势的利用，并成为古农书中杂交种优势利用的一个突出例子。"乃服"篇说"凡茧色唯黄白两种……若将白雄配黄雌,则其嗣变为褐蚕。""今寒家有将早雄配晚雌者,幼出嘉种,此一异也。"这里涉及两种家蚕杂交工作,一是将吐黄丝的雌蚕和吐白丝的雄蚕杂交,产生出吐褐色丝的杂种;二是将早种雄蚕与晚种雌蚕杂交,产生出了优良品种。从书中记载知,早种蚕为一化性的,晚种蚕为二化性的。现代家蚕化性遗传研究证明,一化性蚕与二化性蚕杂交,杂种子一代的化性与亲代雌性化性相一致,可见书中记载的"嘉种"是二化性的。这在生产上有直接意义,它可以作为夏蚕种直接应用于生产。若换成"早雌配晚雄",子一代杂种是一化性的,就不能用作夏蚕种。

在水稻栽培技术上,《开物》首次记述了再生秧技术以及冷浆田中以骨灰、石灰包秧根的技术。这对于提高粮食作物产量具有十分重要意义。书中还多次提到水稻的遗传性变异,如"乃粒"篇说"凡稻旬日失水,则死期至,幻出旱稻一种,粳而不黏者,即高山可插,一异也。"《开物》在水稻栽培技术上另一个认识升华是对水稻一生需水量的正确认识。"乃粒"篇明确记载"凡苗自函活以至颖粟,早者食水三斗,晚者食水五斗,失水即枯。"这是中国农史上第一次明确记载的水稻需水量。虽然没有指出需水量的根据和计算方法,但在距今350多年前就有了对水稻需水量的认识,是非常难能可贵的。

《开物》中记述的红曲培养方法虽不是最早,但在技术上比李时珍的《本草纲目》进步。书中提出培养红曲时应向曲料中加明矾水,这是李氏书中没有的。红曲霉比较耐酸,加入明矾水可以调节酸度,有助于抑制杂菌生长。

《开物》一问世,很快引起学术界的注意。明末方以智在《物理小识》中引用了《开物》中的有关论述;清初福建书商杨素卿又刊行《开物》第二版;《古今图书集成》(1725 年)和《授时通考》(1737 年)广泛摘引了《开物》的内容。17 世纪末传入日本后,日本人对其内容的引用一直没有间断过。1771 年日本大阪出现《开物》的和刻本。18 世纪传入朝鲜,成为李朝后期实学派参引的重要著作。1830 年后,《开物》中的"丹青""五金""乃服""彰施""杀青"等章被译成法文,后又被转译成英文、德文。"乃服"中的养蚕部分被译成俄文、意大利文,对欧洲蚕业产生了很大影响。1869 年,《开物》中工业各章又以《中华帝国工业之今昔》的书名用法文出版,其影响越来越广泛。李约瑟在书中多次引用有关章节,德人著《中国植物》一书也引用了《开物》的内容。

《开物》自问世以来在中国共发行 8 版 11 次,日本发行 3 版 5 次,欧美发行 1 版 1 次。若以世纪来算,17 世纪发行 2 版 2 次,18 世纪发行 1 版 1 次,19 世纪发行 1 次。20 世纪在中国发行 6 版 9 次,日本发行 2 版 3 次,欧美发行 1 版 1 次。各版本之间的关系如表 1 所示。

表 1《天工开物》诸版本之相互关系

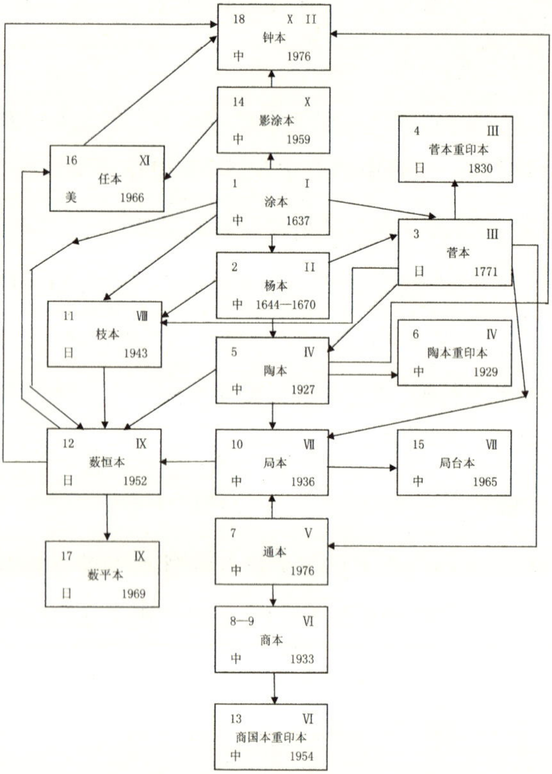

说明:1.方块内右上角罗马数字代表版次。左上角阿拉伯数字代表出版次数。2.方块内文字表示版本名,下面阿拉伯数字表示出版年代。3. 方块内左下角文字表示出版国别。

资料来源:潘吉星:《<天工开物>版本考》

(宋子良)

《农政全书》 徐光启

徐光启的《农政全书》,集古今农业科技之大成,是一部真正意义上的农业科技百科全书。其内容之充实、影响之深远、流传之广泛,为历代农书史上所罕见。

徐光启,字子先,号玄扈,明嘉靖四十一年(1562年)生于上海,崇祯六年(1633年)卒于北京,终年71岁。万历九年(1581年),20岁的徐光启中了秀才,但后来几次举人考试均名落孙山。万历二十五年再试,本已落选,但被主考官焦竑于落第卷中捡出并拔置为第一名,转年参加会试继续落榜。万历三十一年加入天主教,万历三十二年考中进士,使徐光启的命运发生了根本性的变化,从此他告别了穷教书匠的生涯,走上仕途。一开始他被考选为翰林院吉士,入翰林馆学习。万历三十五年散馆,授翰林院检讨。不久丧父,返乡守制三年,此间开始从事农事试验。守制完后回京复职,余暇从事天文、算术、农学、水利等方面的研究,并从事大量的翻译著述工作。后来,魏忠贤阉党为广树党羽,拟任徐光启为礼部右侍郎兼翰林院侍读学士协理詹事府事官职,徐不从,被劾,于是

"冠带闲住",回到老家上海。此间从事《农政全书》的写作。崇祯帝即位后,阉党事败。崇祯元年(1628年),徐光启官复原职。八月,充日讲官、经筵讲官,为天子师。崇祯二年升为礼部左侍郎,三年升为礼部尚书。崇祯五年六月以礼部尚书兼东阁大学士入阁,参预机要。十一月加徐为太子少保,崇祯六年八月再加其为太子太保、文渊阁大学士兼礼部尚书。此时徐光启已病魔缠身了,3个月后一代巨子谢世于北京。

徐光启虽一生为官,但大部分精力倾注于学术研究,一生著有《农政全书》60卷、《崇祯历书》126卷、《勾股义》《测量异同》《诗经六帖》《农遗杂疏》,并译有《几何原本》《测量法义》《割圆八线表》《测天约说》等外国的科学名著数部。其中《农政全书》的著述先后经历了30年时间。他翻阅资料,勤于实验,访问长者,每有心得,必录纸上。全书60卷,70余万字。个中辛劳不言而喻。

《农政全书》的编纂开始于万历三十三年(1605年)。全书的素材主要来自四个方面:一是笔录、摘抄我国历代农书中的精华,加以研究评述;二是移植当时西方的科技成就;三是自己的农业科学试验成果;四是访问经验丰富的农民。据他的学生张溥说:"公访筮仕入馆职,即身任天下,讲求治道,博极群书,要诸体用。诗赋书法,素所善也。既谓雕虫不足学,悉屏不为。专以神明治律历兵农,穷无人指趣,《尧典》敬授,《洪范》厚生,古今大业,莫有先也。"(《农政全书序》)万历三十五年至三十八年,在为他父亲居丧期间,就在家乡进行农业试验，并总结出许多农作物的种植、耕作经验，写了《甘薯疏》《吉贝疏》《种棉花法》《代园种竹图说》等农业著作。万历四十一年至天启元年，他先后三次去天津从事农业试验，写出了《壮耕录》《宜垦会》和《农垦杂疏》等著作。以上两段相对集中的时间是徐光启主要从事农事研究和农书写作的时期。生前他并没有完成《农政全书》，留下的仅是一堆未经审订编次的笔记。后来，陈子龙对原稿进行了系统整理与增删。“文定所集，杂采众家，兼出独见，有得即书，非有条贯，故有略而未详者，有重复而未及删定者。初中丞公(张国维)嘱子龙以润饰也，自愧不敏，则以友人谢茂才延祯，张茂才出，皆博雅多识，使任旁搜复较之役，而子龙总其大端，遂灿然成书矣。大约删者十之三，增者十之二，其评点俱仍旧观，恐有深意，不敢臆易也。”(《农政全书凡例》)因此，《农政全书》的最终问世，陈子龙、谢延祯、张出等人功不可没。崇祯十一年(1639年)，经整理修饰后的《农政全书》由当时都察院右佥都御史张国维、松江知府方岳贡、上海知县王大宪刻版印行。

现在通行的《农政全书》共60卷、12目，为清道光十七年(1837年)贵阳刊本。其篇目依次是：卷一至三《农本》，经史典故、诸家杂论(上、下)、国朝重农考。卷四至五《田制》，井田考、田制篇。卷六至十一《农事》，营治、开垦、授时、占候。卷十二至二十《水利》，总论、西北水利、东南水利、水利策、灌溉图谱、利用图谱、泰西水法。卷二十一至二十四《农器》，图谱。卷二十五至三十《树艺》，谷部、蓏部、蔬部、果部。卷三十一至三十四《蚕桑》,总论、养蚕法、栽桑法、蚕事图谱、桑事图谱、织纴图谱。卷三十五至三十六《蚕桑广类》,木棉、麻。卷三十七至四十《种植》,种法、木部、杂种。卷四十一《牧养》,六畜。卷四十二《制造》,食物。卷四十二至六十《荒政》,备荒总论、备荒考、救荒本草、野菜谱。由此可见,《农政全书》可谓名副其实的中国古代农业科技百科全书。它的价值和影响主要表现在以下几个方面:

第一,明确提出了以农为本的思想。《农政全书》成书于明朝末期,此时我国传统手工业和商业有了长足的发展,沿海地区已出现了资本主义的萌芽。一方面手工业和商业的繁荣,势必要求改进农业技术,提高农业生产率,以适应手工业原料的接济和劳动力的扩充;另一方面,由于国内政治环境不稳,边疆频频告急,战争连绵不断,各种赋税繁重,使农业生产遭到一定程度的破坏,因而,改进技术、发展农业已成为当时社会经济发展和封建统治的客观要求。此外,明代之际西方传教士纷纷东行,布道传教,网罗门徒,客观上加强了中西文化交流和科学技术的广泛传播。面对这些形势,作为朝廷命官的徐光启时刻为那种强烈的社会责任感、忧国忧民的士大夫心理所迫胁。他常自号"玄扈先生",以明重农之志。"玄扈"原指一种与农时季节有关的候鸟,古时曾将管理农业的官称"九扈"。他在给老师焦竑的信中就曾说过,"少尝感愤倭寇蹂践,梓里丘墟……时时窃念国势衰弱,十倍宋秀。每为人言富强之术,富国必以本业,强国必以正兵”。在他看来,国家要强兵就要治赋,要治赋就得明农,因而以农为“本业”,谋求国强民富、国泰民安,乃是国家所有大政方针的基础。他的《农政全书》之所以以此称谓的基本指导思想就在于此。书中卷一至卷三的《农本》篇,作为全书的总纲,正是作者“农政”思想的全面展开,以后各卷都是为此服务的。这种以农为本的思想对于一个以农业经济为主要命脉的泱泱大国来说,其政治与经济意义是显而易见的。事实上这一思想为制定当时的经济政策,缓解国内各种社会矛盾,稳定人民生活等都起过积极作用。另一方面,如此全面系统地论述农政思想,也为历代农书所罕见。《王祯农书》和《齐民要术》中虽有农政思想,但它们重在技术知识的介绍,而没有将其作为全书立论的原则,更未全面充分地予以展开。

第二,充分肯定了“荒政”在国家政策和农业经济发展中的地位。当时由于边疆异族的频繁骚乱和国内的农民起义交替发生,使明王朝的统治受到极大威胁。为巩固封建统治,朝廷不断加征边饷、辽饷、练饷、剿饷,致使土地荒芜、民不聊生。徐光启认为,要巩固政治统治,就必须稳定人民生活,因此在农政思想指导下他特别重视荒政。荒政目在《农政全书》中占据三分之一的篇幅,充分体现了他的“预弭为上,有备为中,赈济为下”的“救灾”方针。“预弭”就是“浚河筑堤,宽民力,祛民害”“有备”就是“尚蓄积、禁奢侈,设常平,通商贾”“赈济”就是“给米煮盐,计户而救之”。徐光启的这种荒政思想与措施也为前人所鲜见。汉代的《氾胜之书》和后来的《齐民要术》中虽偶尔谈及一二种备荒作物，元代《王祯农书》中“百谷谱”之末开始出现“备荒论”，但不足2000字，比起《农政全书》来少得多。徐光启在书中收集了历代常平仓备荒和赈济的材料，对有关备荒的政策、措施作了评述和比较，并录载了《救荒本草》和《野菜谱》中可作充饥的有关植物，其中有不少植物是他亲口品尝过的。目末所附的草木野菜图谱414种就是在此基础上完成的，具有较强的实用性。

第三，强调水利建设是农业发展的根本措施。他认为“水利，农之本也，无水则无田矣。”因此，救荒只是治标，水利才能治本。水利作为一目亦有9卷之多，位居全书第二。当时，一方面，北方有着广阔的荒地弃而不耕；另一方面，京师和军队需要的大量粮食要从遥远的长江下游启运，耗资惊人。所以，徐光启极力主张在北方实行屯垦。由于北方屯垦并无先例，因而他在天津做了多次试验，开辟水田，想实行军屯以应付长城东段后金的侵扰，并想将京东的成功经验推广到黄河中下游，来巩固北方国防。书中有关水利工程技术的介绍一部分来自《王祯农书》，另一部分则来自传教士熊三拔的《泰西水法》。这也是中国古代科技著作中率先移植外国科技成就的典范，其历史意义和深远影响是不言而喻的。

第四，系统总结了农业生产的知识和经验。《农政全书》虽然以“农政”为主线，以“水利、备荒”作两翼，构成全书的理论框架，充分体现了徐光启在发展农业方面的政治蓝图，但是徐光启并没有忽视对具体的农业科技知识与技术经验的研究。事实上徐光启生前所从事的大量农业试验、查阅以往的资料文献以及访谈有经验的农民等工作，多数是为了解决具体的农业技术问题的。书中有关农事、栽培、耕作、养殖、农器等技术内容所占篇幅最大，而且范围的宽泛性，内容的全面性，研究的精细性均为历代农书所罕见。作者曾把明代以前所有能见的农业名著和文献的精华分门别类地摘录下来，并加以研究验证，发现错处便加以校正，不足部分则根据自己的试验结果加以补充，含混模糊一时难以澄清的则加以批注说明，但多用“玄扈先生曰”决不妄下断言。据统计，书中所引文件多达225种。此外，他还根据自己多年从事农事试验的经验大大丰富了农业技术的内容。如对棉花栽培技术的总结，最早见于唐代韩鄂的《四时纂要》，以后元代的《农桑辑要》和《王祯农书》仅有数百字。《群芳谱》中的“棉谱”约2000字，而《农政全书》多达6000字，内容充实，论述详尽。徐光启对新作物的试验与推广也非常重视，“每闻他方之产，可以利济人者，往往欲得而艺之”。例如，他听说闽越一带有甘薯的消息后，便从莆田引来薯种试种，并将成功的经验记载下来，以便种植推广。除了甘薯以外，对其他新引入新驯化栽培的粮油、纤维等作物，或亲自试验，或广泛搜集他人的经验，以便推广种植。

第五，积极倡导科学实验。科学实验是推动科学发展的重要途径。西方近代科技的发展很大程度上得益于科学实验的介入。在中西文化交流日益频繁的明代末期，徐光启是真正意义上的“放眼看世界”的第一位中国知识分子。在翻译介绍西方科技成就的同时，徐光启倍感科学实验的重要性，因而，他在研究历代农书和有关资料文件时，十分注重用自己的实验结果进行验证，要甄别真伪。在写作《农政全书》时，又及时地将自己的实验结果充实其中，从不以讹传讹，盲目引用。如果说《农政全书》“水利”目中引进的是西方科技的具体知识，那么在叙述农业技术方面的结论时引进的则是西方的科学实验方法，从而为革新传统的中国古代科技方法树立了光辉的典范。

第六，为后人留下了珍贵的科学史料。《农政全书》集古今农业科技之大成，其内容材料不仅对当时的农业科技发展起了积极作用，而且也为后人留下了一笔相当珍贵的史料。其一，书中有大量的标图，既使书的内容生动活泼，又易于他人阅读理解识别，更好地为农业生产服务。书中有图，图文并茂本是中国史籍的传统优点，到了明代又复盛行，连传奇小说都有版画。《农政全书》中留下的大量插图在今天看来是很有科学价值的。其二，书中保存了大量的古代文献。中国古农书历来流传不广，一般人不易读到，有些零星的农业文献更难搜集，部分内容甚至失传。《农政全书》搜罗了许多轻易看不到的奇书，从而为后人研究农史带来了莫大的便利。如朱橚的《救荒本草》是古籍中十分珍贵又有相当价值的奇书,《农政全书》几乎对此全部转载,使之得以广泛流传。

(熊登榜)

《芥子园画传》王概等

"国画"一词源于汉代,汉朝人认为自己的国家是居天地之中者,所以称为中国,将中国的绘画称为"中国画",简称"国画"。主要指画在绢、宣纸、帛上并加以装裱的卷轴画。中国古代文人将对自然、社会以及与之相关联的政治、哲学、宗教、伦理道德、文艺等方面的认知与传统的中国绘画融合,借画抒情,以画言志,创造了丰富的绘画艺术。自康熙以来,初学中国画的人,大多从临摹《芥子园画传》入门,该书作为一本传统国画入门的教科书在中国近代绘画史上几乎无人不晓,甚至被不少西洋画画家奉为基础技法学习的圭臬。

《芥子园画传》(亦称《芥子园画谱》)初集成书于康熙十八年(1679),二三集成书于康熙四十年(1701),由沈心友、王概、王蓍、王臬等人合作而成。《芥子园画传》初集为山水谱,介绍树谱、山石谱、人物屋宇谱,为王概以李流芳的课徒稿增编而成;二集为兰竹梅菊谱,介绍中国画中最常见的四种花卉的画谱及绘画技法;三集为花卉树木、草虫禽鸟谱,由王蓍、王概、王臬三兄弟合编而成,介绍了各种花鸟草虫的画谱。嘉庆二十三年(1818)又增加人物谱,合为四集。到清光绪年间(1875)巢勋又将此书四集重摹、增编并在上海石版印行,流传至今。

“芥子园”为清初著名文学家、剧作家李渔在金陵(今江苏南京)的私人园林,李渔一生都以明朝遗民自居,绝意仕途并专注于写诗作剧等文化活动,在金陵营造芥子园,该园兼具出版社的功能,委其婿沈心友主持,专门刊行李渔编订的各类书籍。当时的李氏芥子园书肆与胡氏十竹斋、汪氏环翠堂都是金陵的名肆,刻有多种版画书籍,或以戏剧小说插图闻名,或以画谱、笺谱著称,刻印都很精致。有关“芥子园”的来历,李渔曾在文中言道:“芥子园之地,不及三亩……地止一丘,故名芥子,状其微也,往来诸公,见其稍具丘壑,谓取芥子纳须弥之义”(《一家言》文集卷四)。芥子园在我国园林史上具有重要地位, 惜此名园自李渔移家杭州后,三易其主,迭经洗劫,最终湮没于历史之中,民国初期已是一片菜园,而今更是毫无踪迹可寻。但因《芥子园画传》之故,“芥子园”在一代代的中国画家口中代代传承,在历史的河流中闪耀着永不褪色的光芒。

《芥子园画传》初集的出版据传是因李渔的女婿沈因伯(字心友)家中原本藏有明代画家李流芳的课徒稿 43 页,后请画家王概对此进行整理增补,历经三年时间增编为 133 页,条分缕析地介绍山水画的各种技法, 并附临摹古人和时人的各式山水画作 40

幅。后由李渔出资以套版精刻成书，故名《芥子园画传》。在《芥子园画传》的序言中，李渔说："余生平所爱山水，但能观人画而不能自为画。"可见《芥子园画传》的产生也与"芥子园主人"李渔"生平所爱山水"有不可分割的关系。

《芥子园画传》初集一经问世后一直畅销不衰，一版再版。因此，沈心友又请杭州著名画家诸升编画《兰竹谱》，请王蕴奄编画"菊及草虫花鸟"谱，所作画稿由王蓍、王概、王臬兄弟三人经过十多年的斟酌增删，于康熙四十年(1701)编辑成书。后来书商把沈心友的例言十条删去，将《兰竹梅菊谱》改为第二集，《草虫花卉谱》为第三集。因《芥子园画传》原本的镌刻之工世无所匹，很快便风行全国。沈心友在《芥子园画传》初集的例言中本已拟定第四集《写真秘传》的编著计划，但迟迟未能成书。为满足时人对《芥子园画传》第四集的热望，嘉庆二十三年(1818)，书商将丹阳画家丁臬编的《写真秘诀》与上官周的《晚笑堂画传》等图谱杂凑一起，合编成《仙佛图》《贤俊图》《美人图》等人物图谱，假借《芥子园画传》第四集的名义刻版行世。虽然第四集为商人渔利拼凑之作，但因《写真秘决》也是一部具有相当价值的绘画理论著作，所以该书一直得以流传至今。后来书商将《芥子园画传》前三集与第四集，统装成函，作为全套《芥子园画传》一起出版。由于《芥子园画传》一直

①张兰、包志毅.由《芥子园画传》看中国古典园林植物配置[J].中国园林，2003年第19卷第11期。

供不应求，至光绪(1875—1909)年间，原版经多年翻刻已模糊不清，于是海上画派的画家张熊的弟子巢勋在临摹《芥子园画传》前三集的基础上对第四集人物画的内容加以重编后付印。巢勋版《芥子园画传》极大地保留了前三集的完整性，并对第四集的内容加以增减，使《芥子园画传》四集之间的画风更加统一完整。该版本一经问世便大受书商与读者的青睐，所以今天我们看到的《芥子园画传》，多为光绪时巢勋临摹的版本。

中国古代书画艺术历来讲究书画同源，象形文字对物象的概括、提炼及赋予物象特定含义等造型方式被传统的绘画技法延续，形成了中国画异于其他画种的独特魅力。《芥子园画传》在绘画技法方面，每集首列画法浅说，画法歌诀，后附分类画谱和名家画稿，将树木山石、花草禽鸟的写形、用笔的基本技法程式化。清代画坛崇古摹古之风盛行，画家们对于古人的绘画传统进行了充分的研究和吸收，多数画师痴迷于笔墨的表现力和理性的绘画传统，溯源觅流，探赜钩沉，整个画坛形成了重实践重技法的风气，不求言之玄奥，只求明达易懂。这种"重实践重技法"风气的盛行为绘画向整个社会进行广泛而深入的渗透铺平了道路。由于许多文人艺匠对于绘画技艺学习的需要，一部容易上手、深入浅出，低起点、高标准、大容量的画谱有了现实的需求，《芥子园画传》应运而生。相比明清时期盛行的《竹谱》《释氏源流》《帝鉴图说》《程氏墨苑》《百咏图谱》《顾氏画谱》《唐诗画谱》《诗余画谱》《十竹斋画谱》《天下有山堂画谱》《汪氏墨薮》《秦淮八艳图》《佩文斋书画谱》《孝友图说》等单一图谱来说,《芥子园画谱》将绘画技法与古人的绘画作品相结合,既有浅显易懂的理论讲解,又有丰富的名家画作为样例,对于绘画基本技巧的介绍比较科学,讲解清晰易懂,用诗意的语言进行图说,注重用文字阐释技法所带来的美感,在分析讲解中渗透了浓厚的传统审美情趣,论述画理开门见山,言简意赅,使初学者可以站在一个高视点上对中国传统的画学宏旨有一个整体的把握,同时对技法的流传也能够有一个较为宏观的历史视野。此外,《芥子园画传》全面汇集了许多名家的画论与画理,论述精辟,编著合理,诸篇门类安排得当,每种形象自起笔至守成都有清晰明了的图示与讲解,法度严谨,使初学者不至走入歧途,以文人趣味为主旨,又能面向大众,具有长期的生命力。余椿在《梅菊谱序》中就说:“有图画以来,代有名家,世多奇笔,然不过擅一长,精一技而已,未有如肃水王先生三昆季,抱笔墨之绝技有如此者……世之山人墨士获之如暗室一灯,已大有裨益于后进矣!”《芥子园画传》不仅在中国绘画史上地位特殊,而且流传海外,对外国美术史的发展也产生了一些影响,郑振铎先生说:“《芥子园画传》是那样流传遍海内外了,是被当作学习中国画的教科书之用的”。①

《芥子园画传》在介绍名家画作、传播绘画技法之余,也蕴含

①郑振铎,《中国古代木刻画史略》,上海书店出版社,2011年版,第195页。

着中国传统文人画所追慕的“趣由笔生，法随意转”的绘画精髓与理念。《广雅》云：“画，类也。”这个“类”有归于一类、类似之意，中国古代文人画讲究只能“类似”实物，绝不能“逼似”实物，像“画虎画皮难画骨”就是对中国画主旨的高度总结。这种“类似”就要求创作主体的物感兴趣与文化观念认同的结合，或者说是个体感悟与绘画法度交汇而形成的对物象的“类”的把握，它更多地依赖于人的主观意识，讲究对所绘事物精神层面的解读，而非原始的外在特征。所以文人画从一开始对客体“形”的观察和认知便带入了丰富的主观色彩。《芥子园画传》作为文人画经验总结的代表，无论是收录名家画作，还是介绍绘画技法，都符合一直以来中国传统文化对事物象形的理解与归纳。例如，《芥子园画传》中的绘画技法多以“类相”为主，通过对同类事物的归纳，用“类”的方式来表现同类事物的共同特征。如书中对竹叶的“个字点”的归纳就涵盖了“毛竹、斑竹、罗汉竹……”等凡属“竹类”的叶片造型。所以习中国画者不需要穷究物象，不需要在客体繁乱的“形”中去疲惫描摹，而是可以凭借古人总结的理法完备的《画传》去直接领会大自然造物的外在形态，至于其中“气”或者说“唯心”的部分则需画者凭悟性来进行创作。《芥子园画传》初集第一卷《青在堂画学浅说》中，一开始就介绍了南齐著名画家谢赫的“六法”“六法”是古代中国画最完整系统的绘画创作和品评标准。《芥子园画传》引为“曰气韵生动；曰骨法用笔；曰应物写形；曰随类傅彩；曰经营位置；曰传模移写。骨法以下五端，可学而成，气韵必在生知。”(《芥子园画传》初集)与“六法”原文稍有出入，但原旨相同，“‘六法’原文是：一曰气韵生动是也；二曰骨法用笔是也；三曰应物象形是也；四曰随类傅彩是也；五曰经营置位是也；六曰传移模写是也。”接着，《芥子园画传》又讲了“六要六长”“三病”“十二忌”“三品”等绘画创作和品评的基本常识。这些文字高度概括中国画中对同类事物“类相”的理解，可谓“尽精微，致广大”，方便初学者从临摹事物外在“类相”入手，进而挖掘中国文人画中所蕴含的深刻奥义。此外，《芥子园画传》中的点、线造型亦是“类相”造型的结果，这些点与线的造型都是以物象轮廓来确定形状的。无论是“以线造型”还是“剪影造型”，都是对轮廓线的基本把握。所以，这种点、线的组合必然会呈现二维平面性的特征，完全区别于西方三维立体的写实造型，这也是为何传统中国画的入门以“古法”为门径，而非西画的一开始就面对客体自然。由此可见，《芥子园画传》不仅是在介绍中国画中“类相”万物的绘画技法，而是通过这种“类相”的绘画技巧培养画者在绘画万物之外体会自然间万物生存流转中所传递的“气韵”，充分体现中国文人在绘画上所追求的“天人合一”与“道法自然”的思想。

除了书中精妙的绘画技法和其中蕴含的深刻画理之外，《芥子园画传》初集采用的多色套版印刷技术更是使其蜚声中外，令无数藏家趋之若鹜的重要原因。我国印刷技术虽然发端很早，但早期主要是作为传播文字的便捷工具而被广泛使用，后来活字印刷的发明也是在强化这方面的优势，一直到了明代，才有专门的图谱出现，刻工们的雕版技术也就有了更大的发展空间与发挥余地。除精湛的雕版技艺以外，唐末五代时期出现的“单版复色印刷法”也为《芥子园画传》的出现打下了基础。但是这种“单版复色印刷”的方法只适用于“年画”“纸币”等对于色彩水平要求较低的印刷品，却难以满足画谱表现复杂技法与色彩的需求。于是刻工又努力改进了上色技术，发明了“多版复色印刷法”，使画面更加生动自然，这种方法也叫做“套版印刷”，明代的《十竹斋画谱》和清代的《芥子园画传》的前三集就采用了这种套印的方法。《芥子园画传》是饾版套印本，饾版套印技术是中国彩色印刷技术发展到最完善阶段的产物。“饾版”的特点是没有黑色轮廓线条，用木版直接印出各种颜色图形，每种颜色的深浅又各不相同。《芥子园画传》初集流传于世的主要有两种版本：一为康熙十八年芥子园初刻彩色套印本(今藏上海图书馆)，一为 1934 年上海有正书局据原刻本影印的彩色套印本。由于经过很多次的翻刻和影印，现在市场上常见的《芥子园画传》已失去原版的风貌。初版《芥子园画传》共有三集，据哈尔滨理工大学艺术学院副教授刘越考证，通过辨析上海图书馆、美国纳尔逊博物馆及日本所藏《芥子园画传》初集的版本，确定上海图书馆所藏《芥子园画传》初集为初版原刻本，中国国家图书馆亦藏有《芥子园画传》二、三集的初版。现存《芥子园画传》初集原刻本已非常少。在乾隆年间,芥子园又将该书版片出让给了各地书肆,所以翻刻本在市场上流行的很多。比如姑苏的经义堂、赵氏书业堂、三多斋,金阊的文渊堂、书业堂,金陵的文光堂、同文堂等版本,各个版本间也不尽相同。

《芥子园画传》的产生,是中国绘画史上具有划时代意义的重要事件,其对中国绘画史的影响和贡献是无法磨灭的。数百年来,对初学者国画传统技法的训练和接受前人绘画遗产方面起了很大作用,可以说是介绍和指导国画技法的一部教科书,至今仍以其独特的艺术魅力为世人所推崇。我国许多近现代的著名画家如齐白石、潘天寿、傅抱石等人,在学习中国画的过程中,均是用《芥子园画传》作为参考,接受系统的、基础的培训。该书作为一部体系完备、讲解详细、流传广泛的国画入门教科书,自从清代出版以来便畅销不断,被绘画爱好者看作一条通往艺术殿堂的理想捷径。美术史学家王伯敏先生更是对其赞誉有加:“250年来,在中国画谱中像《芥子园画传》那样产生巨大影响的画谱,史无前例。”①

(赵晓)

①王伯敏,《中国版画史》,上海人民出版社,1961年版,第165页。

《读史方舆纪要》顾祖禹

《读史方舆纪要》是中国明末清初杰出的爱国学者、著名的历史地理学家顾祖禹的传世之作。

顾祖禹(1631—1692 年),字景范,江苏无锡宛溪人,学者称他为宛溪先生。他出生在常熟,又自署常熟人。顾氏为江南望族,由隋唐以迄两宋,子孙代有名人。高祖顾大栋在明嘉靖年间曾著《九边图说》。曾祖顾文耀曾奉使九边,卓有勋绩。父亲顾柔谦于音韵、史学颇为通达,是一个讲究民族气节的人。

顾祖禹自幼聪颖过人,博闻强识,少年时纵览群书,尤好舆地之学。顺治元年(1644 年)清军入关取代明朝。第二年,清军南下,一路上烧杀抢掠,在战火中,顾家先世的藏书都散失了。只有 15 岁的顾祖禹深受父亲的影响,家学的熏陶,对清王朝十分不满,改名隐,字耕石,随父徙居常熟虞山农村,躬耕于山野,不求闻名于世,立志著书立说,走经世致用的反清复明道路。后来迫于生计,他不得不去当塾师,所得薪金不多,除养家活口外,只够买纸笔灯油。因无力买书,他便到处借书抄读。他一生家境奇贫,但从不取一文非分之财，过着“子号于前，妇叹于室”(《读史方舆纪要》彭序)的生活，始终坚持了贫贱不能移，富贵不能淫的高尚情操，全部精力皆耗于著述《读史方舆纪要》之中。

顺治十六年(1659 年) 29 岁的顾祖禹开始撰写《读史方舆纪要》，先后十易其稿，到 50 岁时，才完全成书，历时 20 年之久，付出了巨大的劳动。顾祖禹治学十分勤奋，在当塾师时，他曾题了一副门联“早起鸟啼先，夜眠人静后”以自勉，开始写作《读史方舆纪要》后，更是不浪费一分一秒时间，规定每日写几条，如果亲友相邀参加各种活动，耽误了写作，晚上不睡觉也要补上，一年 365 天，没有一天虚度，其发愤自励精神，感人至深。

其间，只有两度因故中断写作。一次是康熙十三年(1674 年)三藩起兵后，顾祖禹怀着一腔爱国热忱，寄眷属于友人，只身入闽，想加入耿精忠的队伍，以图反清复明，结果未被收用，只得回家，继续埋头写作。另一次是康熙二十六年(1687 年)徐乾学奉诏修《大清一统志》，得知顾祖禹精通地理学，再三往聘。他参加以后，就借此机会，全部查阅了徐氏传是楼藏书，为自己撰写《读史方舆纪要》积累了丰富的资料。并先后在北京及太湖洞庭乐山的志局得以同阎若璩、黄仪、胡渭等著名地理学者交流学术思想，彼此相得益彰，学术更臻完善。在修书过程中，徐乾学推荐他做官，顾祖禹断然拒绝。书成后，要把他的名字署上，顾祖禹坚执不从，甚至以自杀来明志，徐只得作罢。他始终以明朝遗老自居，不肯与清廷合作。从志局返乡里后,蛰居家中,于康熙三十一年(1692年)溘然长逝,终年62岁。

《读史方舆纪要》为顾祖禹的代表作,他以二十一史为底,参采自己尽可能见到的100多种地方志,总结前人的研究成果,加上自己实践所得的珍贵材料,终于编成一部规模宏大的历史地理著作。是书以明末政区分区,叙述和考辨省、府、州、县疆域、道里、沿革、名山、大川、关隘、古迹等,重点考订古今郡县变迁及山川险要战守利害,着重叙述历代兴亡大事、战争胜负与地理形势的关系。斯编写法,独具特色,以史取舍方舆,以方舆验证史事,把历史与地理融会贯通于一体。在处理史地关系上,作者根据全书各个不同部分的实际情形,采用灵活的结构,如在《历代州域形势》部分,以朝代为经,地理为纬,在《分省方舆纪要》部分,则以地理为经,以朝代为纬。

全书正文凡130卷,280多万言,内容分四部分。第一,卷一至卷九"历代州域形势",依次记载唐虞三代、春秋、战国、秦、两汉、三国、晋(十六国附)、南北朝、隋唐(五代十国附)、宋(辽夏金元附)、明政治区域和沿革。第二,卷十至卷一百二十三"分省方舆纪要",依次叙述北直隶、南直隶(江南)、山东、山西、河南、陕西、四川、湖广、江西、浙江、福建、广东、广西、云南、贵州等15行省的形势、疆域、沿革、山川、险要,以至下属府州县的疆域方位、政区沿革、古城、山川、关塞等。第三,卷一百二十四至卷一百二十九"川渎异同”,依次采录历代关于山川、大河、淮水、汉水、大江、盘江、漕河、海道史地的不同记载。第四,卷一百三十“天文分野”,记载春秋以来历代地志有关星宿分野之说。此外,正文前有作者挚友熊开元、吴兴祚、魏禧、彭士望等简介作者和是书的序文,有自撰著书缘起、著书原则的《总叙》3篇,说明撰写体例的《凡例》26则。正文后附有《舆图要览》4卷,是15省以及九边、黄河、海远、漕运及朝鲜、安南、海夷、沙漠的百里为方的地图和沿革建制简表。

《读史方舆纪要》体大思精,组织严整明晰,论说颇多独到之处,在古今地理著作中罕有其匹。该书《历代州域形势》和各省山川险要总论是最有特色的部分,写得十分精彩,几乎每篇都是具有一定价值的军事地理论文。在记述舆地方面,纲目极为分明。二京十三布政使司下,按府州县分叙四至八到、历代沿革,各县载有编户里数,并山川、关隘、城镇、古迹、驿站等内容,有关史实附系于各类地名地物之下。类似的地理著作完整保存下来的不多,能够与其相媲美的更少,故《读史方舆纪要》素有海内奇书之称。

与其他地理书相比,《读史方舆纪要》具有鲜明的特色。

第一,军事地理的色彩非常浓厚。编纂此书,顾祖禹怀有明确的宗旨和无限隐痛。他痛心于明朝统治者不会利用山川形势险要,未能记取古今用兵成败的教训,因而遭致亡国的历史,对此书寄托很大希望,希望它有助于反清复明的大业。因此,全书贯穿着极为强烈的军事战略思想,有关军事形势的叙述最为详备。不仅前面九卷专门论述了历代的州域形势，而且每省每府均以疆域、山川险要、形势得失开其端。各省形势及其在军事上的重要性，皆有总序一篇进行论述，然后每叙一城一邑，一山一水，一关一隘，除列其位置，叙其沿革外，还从历史上穷根探源地备述其军事上的地位和价值。顾祖禹很重视各地的攻守利害。他认为地利是行军之本，因此，他结合历代军事，精辟分析了各地区的山川形势和军事地位。他分析徐州形势说："州冈峦环合，汴泗交流，北走齐鲁，西通梁、宋，自昔要害地也。"(卷二十九)又引证东吴吕蒙、南朝王元谟、唐李泌、宋苏轼、元胡三省诸家议论，阐明徐州得失对于全局的利害关系，指出徐州为南北襟要、资储重地，经营天下，绝不可以"彭城为后"(卷二十九)。类似论述，比比皆是。该书对江南、陕西、河南等地的分析，也很有见地，对四川、湖广、两广的研究更是言有所指。说《读史方舆纪要》是研究军事史和军事地理的空前巨著，是毫不过誉的。

第二，经世致用的思想贯串全书。全书贯通古今，熔铸史地，用心全在经世致用，对与国计民生有关的问题尤为重视。他重视河道变迁的研究，包括自然河道与人工开凿的运河。《读史方舆纪要》专辟川渎异同6卷，对黄河、淮河、汉水、长江、盘江、漕河以及海道穷原竟委地研讨。中国自古以农业立国，水利是农业的命脉，对国计民生影响很大。他研究水道变迁，便出于此种考虑。黄河是中华民族的发祥地，但又是一条为害较大的河流。对于黄河为患，顾祖禹采取历史的、分析的态度，认为封建统治者对自然资源的掠夺，造成黄河中上游地区滥伐森林，过度放牧，破坏自然植被，引起严重的水土流失，是黄河为患而且愈演愈烈的重要原因。顾祖禹非常关切黄河的治理。在《读史方舆纪要》中，他广为搜集、辑录了大量的前人治水的理论与治水方略，留给后人作借鉴。他赞赏潘季训的治河方针，指出“以堤束水，借水攻沙”是治理黄河的良方，因而引证潘季训的言论尤多。顾祖禹对漕运也很重视。他对明朝统治者为保证南粮北运，一贯消极治河积极保运而置百姓生命财产于不顾的错误方针大加抨击。他除了在《川渎异同》中用专卷论述漕运外，还在有关州县下，详细记载运河的闸、坝、堤防和济运诸泉，对于治河通运很有参考价值。

中国幅员辽阔，地形复杂，自然环境差异很大，开发先后不同，故而各地区的经济发展水平不平衡。《读史方舆纪要》对各省区的经济特点及其在全国的地位有概略的反映。此外，该书对马政、屯田、盐政、交通路线的变迁都有详细记载。所以，《读史方舆纪要》是研究经济史和经济地理的必读之书。

第三，它对历代政治中心——都城的变化及其原因，从多方面作了辩证的论述，表现了他的独创精神。首都系王朝的统治中心。建都地选择是否适当，对王朝的安危盛衰不无影响，故而封建统治者十分重视择都。为什么历代都城累有变迁呢？顾祖禹认为是由许多因素决定的。择都不仅要看地理位置是否险要，而且要看交通是否方便,生产是否发达,对敌斗争是否有利。他批判了那种地势险要决定建都的错误观点,认为此时可以建都的地方,到彼时则不一定适合建都,因为建都的各种因素是在经常变化的。这些论述是很精辟的,基本上符合历史唯物主义的观点。

第四,材料征收丰富,考订精详。为撰写《读史方舆纪要》,顾祖禹参考了二十一史和100多种地志及历代地理著作,旁征博引,取材十分广泛。顾祖禹作过一些实地考察和调查,每次外出,他"必览城郭,按山川、稽道里、问关津,以及商旅之子、征戍之夫,或与众客谈论,考校异同"(《读史方舆纪要》总序二)。但因家境贫困,考察和调查过的地方还是有限的。编撰此书,他主要依靠在书斋中收集整理资料,进行严密考订,因而,准确性极高,错误较少。如西南诸川之源流问题,顾祖禹虽身所未历,目所未见,但由于他根据前人记载,精详考订,审慎处理,他的记载反比徐霞客亲历其境、进行实地考察的记述还要确切。此外,他还纠正了正史中沿袭的错误多处。如西汉长安西南的昆明池,本来是仿照昆明国洱海开凿的,晋代臣瓒在《汉书音义》中将洱海误作滇池,此后以讹传讹,误传1000年,直到《读史方舆纪要》才将二者关系搞清。该书中的许多研究成果,为《大清一统志》所采用。

顾祖禹以毕生精力、呕心沥血而作的《读史方舆纪要》取得了卓越的成就。该书内容之丰富,地名之齐全,考订之精详,结构之严密,既胜于唐宋时期的《元和郡县志》《太平寰宇记》,也超过明代的《寰宇通志》《大明一统志》，即使与此后集众家之手官修的《大清一统志》相比，也各有千秋，毫不逊色，备受世人推崇。刘献廷称之为“千古绝作”，魏禧誉之“数千百年所绝无而仅有之书也”。时人把它与梅文鼎《历算全书》、李清的《南北史合抄》并称为三大奇书。该书虽然尚未越出中国传统史学范畴，却标志着封建时代沿革地理学所能达到的高峰和清代考据学的顶点，可以说是一部划时代的舆地著作，至今仍是研究历史地理、军事地理不可缺少的重要著作。

——(晏昌贵)

《海国图志》 魏源

19世纪前半期,正是西方资本主义国家蒸蒸日上之时,为了扩大生产，一些西方国家纷纷将其贸易市场扩展到东方亚洲各国。而此时的中国,仍是一个以“天朝”自居的封闭帝国,早在18世纪末,乾隆皇帝曾以“天朝物产丰盈、无所不有”拒绝过英国国王乔治二世要求通商特权的提议，并把中国向英国出口茶叶、瓷器、丝织品称作是“天朝”对外国的“加恩体恤”。这一方面表现了乾隆对资本主义强国英国的傲慢,一方面也透露了堂堂天朝帝王对正常的国际通商的无知。直到鸦片战争的炮火轰开了中国国门后,道光帝旻宁还不知道他的敌国英吉利“地方周围几许?所属国共有若干……与俄罗斯是否接壤?有无贸易相通?”(《海国图志》卷五十三)身为当朝皇帝却对最基本的世界知识如此无知,近代中国在国际交往中处处被动挨打,也就是在所难免的了!

然而,鸦片战争的失败,毕竟不是一场一般的战争失利,它使“天朝”的威风受到空前的凌辱,使中国屈从于外来势力,第一次处于弱小民族的位置。这对当时的知识分子来说,无论如何是一个难以接受的严酷事实，不能不引起一些感觉敏锐者的哀痛和忧思。

《海国图志》便是当时先觉者的忧愤之作。作者魏源，1794 年出生于湖南邵阳一个小官僚地主的家庭，鸦片战争时，他曾亲身参加过抗英斗争，战争的失败使他痛感清政府的腐败无能和英国的强大军事实力。就在中英双方签订《南京条约》3 个月后，即 1842 年 12 月，他的《海国图志》问世了。

魏源在该书序中说："'是书何以作？'曰'为以夷攻夷而作，为以夷款夷而作，为师夷长技以制夷而作。'"(《海国图志》六十卷本叙)中国人很早就懂得"知己知彼，百战不殆"的道理，魏源深感要防御侵略者，克敌制胜，首先必须了解"夷情"。因此，他在书中全面介绍了世界各国的地理、历史知识，介绍了西方战舰、火器、养兵练兵之法等军事"长技"。此书一出，即在国内引起强烈反响，风行一时，成为人们了解世界历史地理知识的最重要而最详备的读物。作者亦于初版 50 卷本后，为该书不断增扩，不断再版，于 1847 年、1852 年分别增扩成 60 卷本、100 卷本。及至魏源死后，仍有别人的续补本出现。当时，人们谈起《海国图志》，把它和徐继畬的《瀛环志略》并称为"近来谈海外掌故"之"嚆矢"(王韬《瀛环志略》跋)，誉之为"国人谈瀛海故实者之开山"(钱基博《近三百年湖南学风》)。这样的评价是切合实际的。

《嬴环志略》10 卷，1848 年刊行，也是介绍世界地理及各国概况的专著，因其内容比较精审谨严，所附地图比较准确，出版后亦受到热烈欢迎，与《海国图志》并称齐名。可是它出版刊行晚于魏书六年，在立意高远、篇幅卷帙方面亦稍逊于魏书，因而就“开山之功”而言，还得让位于《海国图志》。

当我们称誉《海国图志》，为它戴冠加冕时，不能不提到它背后的功臣——林则徐的《四洲志》。

以禁烟主战而闻名的爱国将臣林则徐，是中国近代历史上第一个睁眼看世界的人。在他督粤期间，十分注重了解敌情和外事，还专门组织精通英语的人员，大量翻译外国书报，其中据慕瑞的《世界地理大全》而译成的《四洲志》，成了后来《海国图志》的滥觞。魏源是林则徐的莫逆之交，1841 年 6 月，在林则徐发配伊犁的北上途中，他在江苏京口（今镇江）接待了好友林则徐，林魏同宿一室，对榻作彻夜叙谈，两人痛感山河破碎，身世浮沉，国事家愁，一齐袭上心头。就在这个细雨连绵的不眠夏夜，林则徐把在广东搜集、翻译的有关国外资料和《四洲志》原稿，全部赠托给魏源，嘱他编成《海国图志》，以全面介绍世界知识，开拓国人的眼界。

魏源拜别林则徐后，就发愤著书，在《四洲志》以外，他又广泛搜集中外有关著述，对历代史志、明以来岛志中的相关材料以及外国人的著述，一一进行整理、增补，仅用一年多时间，就在 1842 年底编成了 50 卷本的《海国图志》。此书 57 万字，比《四洲志》的字数增加了 5 倍，附地图 23 幅，洋炮图 8 页。后来的 100 卷本，增至88万字，各种地图75幅，西洋器械图式42页。魏源称自己编此书是“钩稽贯串，创榛辟莽，前驱先路”（《海国图志》六十卷本叙）。确实，这部开创性的著作凝聚了他的辛劳和心血。

《海国图志》的第一、第二卷，为筹海篇，这是魏源精心撰述的部分，总述了作者的应敌防御之策。在守御之策中，他批评官兵腐败不堪用，提出操练兵团水勇来御敌；在款敌之策中，他提倡中国应与各国开展贸易，以通商互利；在攻敌之策中，他设想可以调动夷之仇敌来攻夷，更为重要的是，他在此提出了著名的“师夷之长技以制夷”的先进思想。这些思想和策略，在当时未必尽能实施，但对封闭腐败的清政府来说，实在是极为大胆而有益的建议。尤其是“师夷”思想，对后世产生了积极而深远的影响。

从60年代起，以曾国藩、李鸿章、左宗棠等人为首，在“自强”“求富”的口号下，大力开展学习西方的洋务运动，先后办起了江南制造总局、金陵机器局、福州船政局等。洋务运动以学习、引进西方的轮船、枪炮等先进军事技术为重心，与《海国图志》“师夷长技”的精神内容是基本一致的。左宗棠就曾十分重视和推崇此书，曾为其重刊本作序，称他们的洋务活动“此魏子所谓师其长技以制之也”。虽然洋务派们的“师夷”主要是为了“制民”，而不是“制夷”，在这点上严重削弱了魏源的爱国思想和抗御外侮的精神，可是洋务运动把新型军事工业引进中国，对中国近代工业的发展在客观上起到了促进作用。这间接证明了《海国图志》对中国发展资本主义的理论先导意义。直到三四十年后，资产阶级改良维新人士，也还从《海国图志》中汲取有益思想，并在此思想基础上发展、推进，终于在戊戌年间掀起了震惊中外的"戊戌变法"运动。在这一思想演进历程中，魏源的"师夷"思想，成为沟通这两代中国优秀知识分子的精神纽带。冯桂芬、王韬、康有为都曾认真研读过《海国图志》，冯桂芬十分赞同"师夷长技以制夷"的主张，并把"不仰赖外夷"之说，发挥为"不购船雇人""自造、自修、自用"的主张（冯桂芬《校邠庐抗议·采西学议》），王韬则已在师夷军事长技的基础上，初步提出政治要求，主张师夷之政治"长技"，进行维新变法。康有为把《海国图志》作为西学的基础，并系统地把"师夷"思想推广到经济、政治、教育等领域，从而拟定出较为完整的资产阶级改良变法纲领。

《海国图志》的大部分篇幅是介绍世界各国概况，分图、文两部分。在地图部分，有亚、非、欧、美洲各国图，展示了中国汉唐以来世界各国的地理形势。在魏源以前，虽也有利玛窦、南怀仁、艾儒略、蒋友仁等所撰的各国地图，但这些地图大多详海口，疏腹内，地名用土语译音，而且由于传本少而极难购置，流传不广。魏源的这些地图，更加详备，并且熔中国史乘与西人图谱为一炉，在地图上一一标出当地在中国历史上的古名旧称，如朝鲜有高丽、新罗、百济等旧称，印度有天竺、身毒、痕都、温都、忻都等古名，便于中国读者阅读、了解。此书出版后广泛流传，才使中国人明了世界各国的大致布局。

在文字部分，作者依次介绍了东南亚、非洲、欧洲、南北美洲各国，尤为着重东南亚和英国。关于东南亚，魏源引用了中外著作40多种，全面介绍这些国家。他对越南的严禁鸦片之事十分赞赏，他介绍缅甸、越南打败英夷兵船的战绩，并推荐他们的致胜战术。在魏源看来，越南、缅甸这些邻近小国勇敢地抗御外侮，抵制鸦片，中国为何在西方侵略者面前节节败退，使鸦片流毒全国呢？吕宋、爪哇和日本或沦亡或强盛了，前车不远，可资借鉴。魏源在叙述欧洲各国时，用了四分之一的篇幅专门介绍英国。他从自己的研究和对现实局势的观察发现，英国是当时中国最强大、最直接的敌人，也是欧洲乃至世界最富有“长技”的国家。他认为英国之所以能在近代迅速富强、称雄世界，就在于“不务行教而专行贾”“佐行贾以行兵”“兵贾相资”(《海国图志》卷二十四)，即发展工商业，壮大军事力量，两者相济以称雄世界。他还揭示了英国靠征服弱小民族，残酷剥削殖民地人民，以富强自己的本质，借以提醒自己的同胞救亡自卫的爱国意识。在介绍欧美国家时，魏源甚至提到了美国和瑞士的联邦制度和议会制度，并且对之表示了仰慕和向往。从这些介绍中，我们不难看出魏源爱国保种的良苦用心及对腐败清政府的斥责。

书中还有一部分，用图表的形式介绍西方各国的宗教，比较中西历法的异同，用年表排比出中国、西洋纪年表。便于读者不仅在空间上，而且在时间上认识中国与西方国家的相互关系。

全书最后一部分为“夷情备采”，着重介绍西方国家的先进科技及军备武器，如船舰、火炮、地雷、望远镜等，说明它们的制造方法和使用方法，并附图例。这些知识，即魏源所谓“师夷长技”的“长技”。他为了使自己的这一正确主张在中国真正落实执行，精心尽力地介绍他收集到的所有先进技术，提倡人们学习这些技术，以使中国走向富强之路。

综上所述，我们可以看到，《海国图志》不仅是一部介绍海外史地的世界历史地理专著，而且涉及到外国政治、经济、文化、宗教、科技、外交等多方面知识，几乎集当时新学之大成，可以说是一部新学百科全书。此书还有理论、有实例地阐述了作者面向世界，学习西方，谋求富强，抗击侵略的先进思想，代表了当时中国知识分子中的最积极有益的探索和主张。

这本书出版后，颇引起外国人士的注意。当时，普鲁士传教士郭实腊专门为英国殖民者搜集我国情报。由于魏源在《海国图志》中抒发了战败后的愤慨，发表了自己对政治、军事、外交的见解，因而成为郭实腊猎取的对象。在该书出版后不久，他便作了摘译，提供给英国当局，作为他们研究战后中国像魏源这样的中小官僚知识分子的思想材料。

用今天的眼光来看，《海国图志》不免存在缺憾。全书除筹海篇及各部分的叙文、按语等是魏源本人亲自撰述的外，大部分文字是辑录他人著作汇编而成的。作者对原有材料中的错误与欠缺，未能作较多的纠正，而且在他自己撰述的那一部分中，也存在讹误和不妥之处，例如，他说："亚墨利加一土，孤悬宇内，亘古未通声闻，英人于前明万历年间探得之。"(《海国图志·元代征西域考》)其实，发现美洲大陆的是意大利人哥伦布，并非英国人，而且是在1492年，远比明万历年间早得多。(参见吴泽、黄丽镛《魏源〈海国图志〉研究》一文。)然而，在100多年前，魏源能够编出这样一部篇幅巨大内容丰富的著作来，实在已是十分不容易的事。它的意义与价值不容低估。

当时，封闭自守的清政府不仅无知狂妄，而且还反对人们翻译外国书籍，调查外国情况。清朝帝国"正如小心保存在紧密的棺材内的木乃伊一样，只要与外界新鲜空气一接触，便一定要腐烂"(《马克思论中国》)。在这种情况下，魏源编出《海国图志》，确如给中国这个黑暗封闭的屋子开启了一扇窗户，使其中的人民从窒息走向开放，让那些被禁锢得麻木不仁的头脑，去接触和认识世界先进国家的新鲜事物，从而获得自救自强的能力。

从学术界来说，当时仍沿袭乾嘉学风，学者们大多注重埋首书本的考证训诂之学，并且越来越趋于繁琐空洞、闭门造车。魏源和当时与他齐名的龚自珍，积极倡导知识分子要抛弃只顾考据的"饾饤之学"，而去关心社会现实，经世济时。龚自珍在鸦片战争前一年便过早去世了，未来得及力行这一主张，魏源继此后，为之作出了毕生的努力。他在中英鸦片战争的炮声中赶作《圣武记》，追叙清朝开国以来的历次用兵盛况和赫赫武功，希望政府和国民由此缅怀往昔的光荣历史，探寻国家盛衰兴替的原由，继而激起救国图强的雄心；他精心研究编写《元史新编》，倡导学术界加强对边疆地理的研究，以防御侵略者，守卫国土。他的《海国图志》更是开启了战后知识分子了解世界、学习西方的治学新路径。所有这些，为晚清学术界从考据之学走向务实学风，作出了重要贡献。

《海国图志》于 1854 年在日本翻译出版，立刻受到日本开国论者的热烈欢迎，对日本在倒幕维新运动中，从封闭走向开放，学习西方，谋求富强，起了积极推动作用。井上清在其《日本现代史》中明确指出："幕府末期的日本学者、文化人等，经中国输入的文献所学到的西洋情形与一般近代文化，并不比经过荷兰所学到的逊色。例如横井小楠的思想起了革命，倾向开国主义，其契机是读了中国的《海国图志》。"（《日本现代史》第一卷"明治维新"）

如果说生活是海洋，书籍是舟，那么《海国图志》便是近代中国人从封闭的"死海"驶向未知世界的第一叶扁舟。

（钱婉约）

《人间词话》 王国维

中国诗话、词话历来发达，然而在用词话这种旧形式评论词作，阐发词学观点的无数著作中，《人间词话》以其深厚的哲学功底，敏锐的美学眼光，以及对词的独特理解，成为最后一部也是影响最大的词学著作。

作者王国维，初名德桢，后改国维，字静安，亦字伯隅，初号礼堂，后更为观堂，又号永观。1877 年 12 月 3 日出生于浙江海宁。1927 年 6 月 2 日自沉于北平颐和园内昆明湖中，以 50 岁的大好年华为自己划上了悲剧的句号。

王国维出生于一个并不富裕的家庭。在少年时期，受到了较多的旧式教育，但他对旧学兴趣不大，常读塾师规定以外的书籍。到15 岁左右，才华开始显露，与同乡另外三个朋友，被称为海宁四才子，而又推王国维为第一。16 岁入杭州崇文书院，对史学发生兴趣。因此，科举场上接连失利，从此他也就选择了“弃帖括而不为，继举业而不就”的道路，开始了另一条学习道路。22 岁时，王到上海，一生的事业从此开端。他曾在梁启超主编的《时务报》工作过，还在罗振玉以私资设立的东文学社学习过，很得罗振玉的器重，后由罗资助，又留学日本，回国后历任南洋公学等校教师。光绪三十四年(公元1908年)，经罗振玉推荐，王国维任学部总务司行走、图书馆编译、京师大学堂教习，主编译及审定教科书事。辛亥革命后，罗振玉逃亡日本，王亦携眷随罗东渡日本，且以清朝遗老自居。在日本生活5年后返国，仍受溥仪任命，在宫中做些文物鉴定工作。溥仪被逐后，王国维应清华大学之聘，任研究院教授，潜心学问，但又难割断与前朝的精神纽带，最终在内心的冲突中不能自已，投身昆明湖，成为旧道德旧礼教的殉道者。

王国维一生学术成就斐然，是近代以来最有成就的学者之一。他对甲骨文、金石器物、古代史、西北史的研究造诣很深，在戏曲、诗词方面的研究也极见功底，而且善作词，自云"虽所作尚不及百阕，然自南宋以后，除一、二人外，尚未有能及余者，则平日所自信也"。(《海宁王静安先生遗书》15册第21页)他的著作甚丰，其作品曾由罗振玉编为《王忠悫公遗著》。他生前曾自编其著作为《观堂集林》。在文学研究上的贡献，除研究古代戏曲的《宋元戏曲史》等外，再就是《人间词话》。

《人间词话》，最初只有上卷，刊于1908年的《国粹学报》上，分3次登完，共64则。1927年，赵万里、王幼安又从王国维的遗著中辑录出若干条，题为《人间词话未刊稿及其他》，刊载于《小说月报》上。1928年罗振玉编印王国维的《遗著》时，便将上述一并收入,分上下两卷,以《国粹学报》所刊为上卷,赵等人辑录的为下卷。1939年开明书店重印此书时,徐调孚等又从王国维其他著作中钩辑有关论词的片断文字,作为《附录》附于书后,这就是现在通行的本子。1954年,中华书局重印此书。1962年,人民文学出版社又出版了徐调孚注、王幼安校订的《人间词话》《蕙风词话》合订排印本。徐调孚注,主要是对王氏书中所引的诗词一一引出原文,给读者理解提供了方便,但此注本未涉及王氏的词学思想本身。1981年,齐鲁书社出版了滕咸惠的《人间词话新注》,此本所录比其他本子多13条,且征引了叔本华以及王氏其他著作,对王国维的美学思想的根源和整体进行了探索,对了解《人间词话》的美学观点,很有帮助。此外,四川人民出版社1981年出版的靳德峻笺证、蒲菁补笺的《人间词话》,对原作进行了评述并引历代诗词作为佐证,亦不失为较好的本子。

《人间词话》是王国维词学观点的一次全面性总结。从动机上讲,这部词话是针对清代词坛流弊、总结五代以来词的创作经验的产物。清代以来,词坛诸家,大都笼罩在南宋词的影响之下。从清初朱彝尊、厉鄂重格律重形式,以清虚骚雅为宗的浙派词人,到嘉庆时张惠言提倡词的比兴寄托的常州派,到晚清王鹏运、朱祖谋等人注重声律的创作倾向,都反映出这些词人分别以自己所喜爱的南宋词人为宗的倾向。在王国维看来,这是词的衰落,是南宋到清代词的不幸。他认为,根本的问题是南宋以来的词人只求文字声律而不求“意境”或“境界”。因而他提出“境界”说，企图以此纠偏补弊，端正词的创作方向。

“境界说”是《人间词话》的基本论点，是王国维诗词美学的核心。在《人间词话》中，第一条就开宗明义提出了“境界”在词创作中的绝对地位。他说“词以境界为上。有境界则自成高格，自有名句。五代北宋之词所以独绝者在此。”又说：“言气质、言神韵，不如言境界，有境界，本也，气质、神韵，末也，有境界而二者随之矣。”那么，究竟什么是境界呢？他认为：“境非独谓景也，喜怒哀乐，亦人心中之一境界。故能写真景物，真感情者，谓之有境界，否则谓之无境界。”可见，王国维所谓的有境界的作品，不仅是指作品对客观事物的形象化描述，而且包含着诗人的独特感受和感情色彩。而把这两方面统一起来的纽结就是“真”，真实地描写客观景物而非虚幻不定，感情真实而不是虚伪矫饰。这样，作品才能引起作者、读者之间的感情交流，产生共鸣，引起欣赏者的联想，这样，艺术作品才能意味隽永，引人入胜。所以王国维认为：“文学之事，其内足以摅己，而外足以感人者，意与境二者而已。上焉者意与境浑，其次或以境胜，或以意胜。苟缺其一，不足以言文学。”

在王国维看来，境界不仅有赖于内容，而且还有赖于对作品内容的表达。他说：“境界有二：有诗人之境界，有常人之境界。诗人之境界，惟诗人能感之而能写之。故读其诗者，亦高举远慕，有遗世之意。而亦有得有不得，且得之者亦各有深浅焉。若夫悲欢离合、羁旅行役之感,常人皆能感之,而惟诗人能写之,故其入于人者至深,而行于世者尤广。”言下之意,诗人的作品为什么能感人,一是由于作者独特的感受力、观察力,能于常见之处发见其独特的东西;二是因为诗人“能写之”,即说诗人具有常人不具的表达能力。所谓“红杏枝头春意闹,著一‘闹’字而境界全出”便是指的这种感知和表现的特殊。正因为如此,王国维指出:“一切境界,无不为诗人设,世无诗人,即无此种境界,夫境界之呈于吾心而见于外物者,皆须臾之物,惟诗人能以此须臾之物镌诸不朽之文字,使读者自得之,遂觉诗人之言,字字为我心中所欲言,而又非我之所能自言。”所以王国维把“境界”视为评价诗词的根本标准,认为“文学之工不工,亦视其意境之有无与其深浅而已”。

王国维对“境界”还作了区别。从创作方法而言,境界有两种:一类是“造境”,一类是“写境”。他说:“有造境,有写境,此理想与写实二派之所由分。然二者颇难分别。因大诗人所造之境,必合乎自然;所写之境,亦必邻于理想故也。”“自然中之物,互相关系,互相限制,故不能有完全之类。然其写之于文学中也,必遗其关系、限制之处。故虽写实家亦理想家也。又虽如何虚构之境,其材料必求之于自然,而其构造亦必从自然之法则。故虽理想家亦写实家也。”王国维从一般的意义上区分了写实与理想二派在创造境界上的方法差异,划分了现实主义与浪漫主义作家表现内容方式上的不同,这是对中国文学的经验总结,同时也是对整个文学规律的认识。更重要的是,他还认识到了写实派与理想派的联系,指明了写实派必然要涉及理想,理想派又必须依照自然法则。这种理解不仅指明了文学史上两者合一的事实,而且为两者的自觉结合做了理论上的解释。

按照审美范畴,王国维又把境界分成“有我之境”“无我之境”两种:

有有我之境,有无我之境。“泪眼问花花不语,乱红飞过秋千去。”“可堪孤馆闭春寒,杜鹃声里斜阳暮。”有我之境也。“采菊东篱下,悠然见南山。”“寒波淡淡起,白鸟悠悠下。”无我之境也。有我之境,以我观物,故物皆著我之色彩。无我之境,以物观物,故不知何者为我,何者为物。古人为词,写有我之境者为多,然未始不能写无我之境,此在豪杰之士能自树立耳。

王国维在这里的区分,主要是从作家与所表达内容之间的关系,说得直接些,就是主客体的关系处理的问题。“有我之境”,指作家主观介入的程度深,感情的倾向在作品中表现相当明确;反之,“无我之境”,则是指作家自身的倾向,情感态度完全不在对象上明显表露出来。这实际上是区分了抒情的方式,反映了物与我,我观物的方式上的区别。从严格意义上讲,二者各属一种审美范畴,没有高下低劣之分。不过,从王国维的态度上看,一方面他肯定了“一切景语皆情语”的“有我”的客观性,另一方面,他确实是钦慕“无我之境”的。这可能与他晚年的心情以及企图摆脱身外种种物事的羁绊有关。但更主要的,"无我之境"体现了中国文学的一种理想,更进一步说,体现了儒道两家文化对人格的理想追求。自然,王国维的思想还折射着叔本华的哲学影响。

围绕着境界的创造,王国维在《人间词话》中还论述了作家的修养、创作技巧等问题。在他看来,境界的创造包括"能感""能写"两个方面,因而作者也必须有"内美"和"修能"两个方面的修养。他说:"纷吾既有此内美兮,又重之以修能,文字之事,于此二者,不可缺一。"就"内美"来说,他认为诗人的最优良的品质是"真"。他之所以喜欢李后主的词,在于李后主阅历浅,无世故之态,因此能现出真性情;他赞赏纳兰性德的词,其因是他的词"以自然之眼观物,以自然之舌言情",表达真切、自然,无矫揉造作之嫌。王国维明确指出:"大家之作,其言情也沁人心脾,其写景也豁人耳目。其辞脱口而出,无矫揉妆束之态。以其所见者真,所知者深也。诗词皆然,持此以衡古今之作者,可无大误矣。"这就是作家的"内美",即赤子之心、童稚之心、纯洁真诚自然的心灵。

王国维对作家的能力、技巧也十分注重,尤其强调作家观察事物的本领。他说:"诗人对宇宙人生,须入乎其内,又须出乎其外。入乎其内,故能写之;出乎其外,故能观之。入乎其内,故有生气;出乎其外,故有高致。美成能入而不出,白石以降,于此二事皆未梦见。"也就是说,作者必须能对客观事物进行认真的观察,捕捉到独特的艺术形象,找到特殊的艺术感觉,获得真切的体验。然而只"能入",不"能出",就会使自己沉没于对象之中,就难以站得比对象更高,就难以获得观照对象的距离,从而就不可能写出真实深刻的富有典型意义的作品。

此外,他还主张"不隔",反对典故堆砌和代字太多的弊端,同时也就"隶事""游词"等写作技巧发表了富有建设性的意见,对批判诗词创作中陈陈相因的形式主义文风,有明显的积极作用。

王国维的"境界说"理论,比之严羽的"兴趣说"、王士桢的"神韵说",都有过人之处,对艺术的把握更为准确具体一些。"境界"之说本是源远流长。"境界"一词本出于佛家典籍,在六朝的书法绘画理论中,已经开始运用这类词语。到唐代,《文镜秘府论》提出了"境与意相兼始好"的观点,托名王昌龄的《诗格》提出写诗"三境"说:即物境、情境、意境;皎然也提出"境象"的概念;司空图《诗品》所论24种诗的风格,其实也就是24种意境,且他明确要求做诗"思与境谐"。后来词、曲、画等方面的论述,也广泛运用了境界、意境这两个概念。但是,王国维是功不可没的。在他之前所论"意境""境界",大体上都是"不著一字,尽得风流"的空洞理解,或者是"羚羊挂角,无迹可求"的抽象界定,缺乏具体准确明白的阐释,理解起来,确是"玄之又玄"的。此外,《人间词话》之前,对境界没有作出专门的系统研究,大多是只言片语。王国维却在继承前人成果的基础上,发展出了系统的"境界"理论,将印象的改变为思辨的,即兴的改变为理论的,评点式的改变为系统化的。他以"境界”为理论核心，又根据创作方法、审美范畴的不同，对“境界”进行了分类，最后围绕创造境界，讨论了作家的修养与写作技巧，构成了一个完整的理论体系。这在中国文学批评史上有着划时代的意义，其影响至今不衰，对文学理论的发展作出了重要贡献。

王国维的《人间词话》，在方法上有重要突破。他是近代以来较早运用西方理论思辨方法，吸收西方文学理论成果，对中国文学中的诗词进行研究的学者，为西学的合理引进开辟了道路。尤其是他能够以哲学家的眼光，来分析总结创作规律，使传统的经验式批评变得更具体更具理论色彩。因此，《人间词话》虽然仍存有不少理论上的缺陷，但它在很小的篇幅中，融入了理论的真知灼见，涉及到了创作的许多问题，确实是了不起的成就。

（何锡章）

跋

今天是苏州人特别看重的冬至，又称一阳生，按《玉烛宝典》的说法为“万物之始”，在节气上特别重要。而且从东兴那里获知《虎丘书院文库》第二辑《经典的力量》已经编好，即将付梓，所以倍感欣喜！

回想缘起可以追溯到十年前，记得当时与理事会诸君茶叙，诸位有感于工商时代人心不古，世风日下，觉得应该做点事，虽然几个人的力量非常微弱，但若能发潜德之幽光，冀星火之燎原，未来总是有希望的。一致认为办一个传播传统文化的机构，能像当年唐文治先生办的无锡国专那样为挽救人心尽一点绵力。当时唐先生的老学生秦和鸣、胡子远两位国学前辈都非常支持，并提出了很好的建议，今年二老虽然已经先后永远离开了我们，但是二老对于传播优秀传统文化的执着和热忱却会给我们永远的感动和激励。我们曾经希望把文治国学院办成功，后来由于种种原因，虽然没有采用文治国学院之名，而是因为地理之宜，改成了虎丘书院，但理想和精神没有改变，这样也可以上接苏州兴办书院的文脉。苏州最早的书院南宋和靖书院遗址就在虎丘山脚下，是南宋尹焞创办的。现在虎丘山脚下专门的文化机构很少，我们办虎丘书院多少有助于增加这一地区的文化氛围，而且苏州图书馆也在虎丘书院开设分馆，也大大方便了周边群众的借阅，增添了书香。在名胜古迹的虎丘塔边有了一个可以供精神休憩的空间。

现在不乏功利主义、利己主义盛行。社会上的种种不良现象都说明道德危机、人心恶化已经到了需要引起重视的地步。2010年"精神病收治制度法律"分析报告给出的数据，我国各类精神病患者人数有一亿多，其中重性精神病患者已经超过1600万。而2015年全国最新流行病学大调查给出的数据更是惊人，全国有超过1.8亿人患有精神障碍。毫无疑问，改革开放以来中国经济增速前所未有，物质文明有了极大的提高，但前述这些问题的存在说明，只有物质的丰富并不能给人带来真正的幸福。

其实早在一次大战以后，原来对西方物质文明高度礼赞的梁启超就在《欧游心影录》中忧心忡忡地说："讴歌科学万能的人，满望着科学成功，黄金世界便指日出现。如今功总算成了……我们人类不惟没有得着幸福，倒反带来许多灾难。好像沙漠中失路的旅人，远远望见个大黑影，拼命往前赶，以为可以靠他向导，哪知赶上几程，影子却不见了，因此无限凄惶失望。影子是谁？就是这'科学先生'。""自然界的暴力，远不及人类；野蛮人的暴力，又远不及文明人。""现在所谓光华烂漫的文明，究竟将来作何结果，越想越令人不寒而栗。"最早大力翻译介绍西方社会科学的严复更是尖锐地抨击西方300年的进化只是做到"利己杀人，寡廉鲜耻"八个字。而西方的思想家、科学家也对物质文明有深刻的反省。德国理论物理学家、量子力学的奠基人之一马克斯·玻恩就曾在他晚年所作《我的一生和我的观点》中说：医学战胜了疾病，"结果出现了灾难性的人口过剩；城市挤满了人，同自然界完全失去了接触”;通讯、旅行发展的结果是“世界的一个角落里的每一个小小的危机,都会影响到其余所有的角落,并且使合理的政治成为不可能了”;“汽车使整个农村成为所有人都可以到达的地方,但是道路被堵塞了,修养地被污损了。”如果这种“技术上的误用”还是可以由“技术和行政上的补救办法来及时纠正”的话,那么,“真正的痼疾更为深刻”。这就是“所有伦理原则的崩溃”,因此他非常悲观地声称:即使核战争的浩劫可以避免,“对于人类来说,除了黑暗的未来以外,我什么也看不到”。这些先知深沉的忧患意识早已敲响了警世之钟,我们不能再沉迷于物质文明的霓虹灯里而不能自拔。

早在1920年,曾经奠基了上海交通大学、希望以实业救国的唐文治先生毅然辞去校长的职务,到无锡白手创办了国学专修学校。他与梁启超、严复一样也是警醒于西方物质文明造成的危机,希望挽狂澜于既倒,以兴复优秀的传统文化为己任,以“正人心,救民命”为惟一宗旨。也许个人的力量真的微不足道,但 是面对问题却视若无睹,那无异于为虎作伥。

今年党的19大召开,报告中对社会基本矛盾的概括由原来的“人民群众日益增长的物质文化需求同落后的社会生产之间的矛盾。”转变为“人民日益增长的美好生活需要和不平衡不充分的发展之间的矛盾。”“物质文化”物质在前,强调的是把物质发展放在优先的位置,而“美好生沽”则并非物质丰富就能实现,没有文化、精神的极大提升就不可能有美好生活。而且报告中还明确指出:“文化是一个国家、一个民族的灵魂。文化兴国运兴,文化强民族强。没有高度的文化自信,没有文化的繁荣兴盛,就没有中华民族伟大复兴。”而“中国特色社会主义文化,源自于中华民族五千多年文明历史所孕育的中华优秀传统文化。”这已清楚表明党和政府在新时代将高度重视文化和精神文明建设,我们通过创办书院来传习优秀的传统文化完全符合国家的发展战略。

编写《经典的力量》是书院工作的一个组成部分,要传习优秀的传统文化当然需要以深入研究为基础,但是目前更重要的是对优秀传统文化的普及。对经典的阅读很重要,但是对大众而言,受学养和时间、精力诸方面的影响,往往力有不逮。学习的经验告诉我们,阅读一部经典,即使反复多遍,能够记住的内容也是十分有限的,给人留下深刻印象的可能就是其中的某些名言警句。因此,通过对大量名著的阅读萃集其中的精华,然后分门别类,并加以注译,汇编成册,推送给普通读者,让读者一册在手,如入书海,对于普及来说,无疑能起到事半功倍的效果。希望虎丘书院在推广经典书籍的传承的同时也能传承唐文治先生的国学教育方法,即:授课与诵读、自修与交流相结合,对难解之问题专设答疑课的教育方式。

我们觉得做这样的国学经典传承工作很值得, 也很有必要。当然书编的好不好,还要经受读者的检验,在此我们真诚地希望列位方家能够不吝指正!

马亚中跋于丁酉天正